职业素养

主　编　李　兴　姜　艳
副主编　陆学松　周　彤

南京师范大学出版社

图书在版编目(CIP)数据

职业素养 / 李兴,姜艳主编;陆学松,周彤副主编.
－－南京:南京师范大学出版社,2024.8
高职院校公共课教材
ISBN 978－7－5651－6289－3

Ⅰ.①职… Ⅱ.①李… ②姜… ③陆… ④周… Ⅲ.
①职业道德－高等职业教育－教材 Ⅳ.①B822.9

中国国家版本馆 CIP 数据核字(2024)第 087695 号

丛 书 名	高职院校公共课教材	
书　　名	职业素养	
主　　编	李　兴　姜　艳	
副 主 编	陆学松　周　彤	
策划编辑	张　春	
责任编辑	秦　月	
出版发行	南京师范大学出版社	
地　　址	江苏省南京市玄武区后宰门西村 9 号(邮编:210016)	
电　　话	(025)83598919(总编办)　83598319(营销部)　83598332(读者服务部)	
网　　址	http://press.njnu.edu.cn	
电子信箱	nspzbb@njnu.edu.cn	
照　　排	南京开卷文化传媒有限公司	
印　　刷	扬州市文丰印刷制品有限公司	
开　　本	787 毫米×960 毫米　1/16	
印　　张	14	
字　　数	207 千	
版　　次	2024 年 8 月第 1 版	
印　　次	2024 年 8 月第 1 次印刷	
书　　号	ISBN 978－7－5651－6289－3	
定　　价	50.00 元	

出 版 人　张　鹏

序言

党的二十大报告指出："教育、科技、人才是全面建设社会主义现代化国家的基础性、战略性支撑。必须坚持科技是第一生产力、人才是第一资源、创新是第一动力，深入实施科教兴国战略、人才强国战略、创新驱动发展战略。"高校是教育、科技、人才的集中交汇点，承担着为党育人、为国育才的重任，应积极探索推进教育、科技、人才"三位一体"协同融合发展。习近平总书记指出："各级党委和政府要高度重视技能人才工作，大力弘扬劳模精神、劳动精神、工匠精神，激励更多劳动者特别是青年一代走技能成才、技能报国之路，培养更多高技能人才和大国工匠，为全面建设社会主义现代化国家提供有力人才保障。"可以看出，现代劳动者劳模精神、劳动精神、工匠精神的培养，关系到中国式现代化建设与中华民族伟大复兴，高职院校作为人才培养的重要场所，必须担负起这一历史使命。

劳模精神、劳动精神、工匠精神都属于职业素养范畴。当下，第三次信息化浪潮涌动，随之而来的行业革新、社会发展和市场变化等，都对劳动者的素质提出了更高要求。劳动者具有优秀的职业素养，不仅关系到个人职业生涯的成长，也关系到企业的发展、社会的进步，乃至国家的繁荣与民族的复兴。为响应国家号召与满足地方人才需求，2023 年，扬州市总工会在扬州市职业大学成立了扬州市劳模工匠学院，打造现代"扬家匠"特色与品牌，致力于扬州地区劳模精神、劳动精神、工匠精神的弘扬与宣传、培养与研究。为发挥扬州市劳模工匠学院的功能，探索职业素养与职业精神内涵与现代产业工人培养，同时也为了紧扣习近平总书记"加快构建现代职业教育体系，培养更多高素质技术技能人才、能工巧匠、大国工匠"讲话精神,我们特意组织编写了这本《职业素养》。

本教材得到了扬州市人力资源服务行业协会的大力帮助,是在充分调研扬州地区企业人才需求的基础上编写的。大量人力资源企业和企业人事部门管理人员参与了编写工作,力图让本书内容适应现代职业教育与职业培训的要求,挖掘最新职业素养的内涵,革新教育教学手段,实现产教融通效果。

教材分为六个部分:一、绪论(介绍职业素养与职业、职业素养的概念与内涵、职业素养的特征和重要性等,为读者提供全面的背景知识);二、职业道德素养(职业道德概述、职业道德的内容、职业道德素养的培养路径等);三、职业知识素养(职业知识素养概述、构建合理有效的知识结构、职业知识素养的提升途径等);四、职业能力素养(职业能力素养概述、合格职业人应具有的职业核心能力等);五、职业心理素养(职业心理素养与职业心理健康、职业心理健康的影响因素、常见的几种职业心理健康问题、维护职业心理健康的方法等);六、职业安全素养(职业安全素养的内涵、职业安全基础知识教育、杜绝安全生产隐患等)。各素养章节皆附有"训练任务",以备授课教师选用。

教材体现以下特点。

第一,思政性。以课程思政为引领,用丰富的思政元素铸劳模、工匠之"魂"。思政案例丰富,融入全书主干,强调"德技并修",将职业技能教育与现代劳模工匠精神培养相融合。

第二,主体性。撷取职业院校学生和现代产业工人所需的实用理论,并依据理论设计实训项目,实行项目化教学,强化学生或学员在教学活动中的中心主体地位。

第三,科学性。强化现代产业工人职业素养培养的科学性,开发数字化教学资源,打造线上课程教学、培训体系。对理论通俗易懂化的阐述、对能力训练的设置,突出了"应用"特点,让学生或学员看得懂、学得会、用得上,操作性强。

第四,产教融通性。教材的编写得到地方人力资源服务行业协会的支持与配合,充分调研、论证现代产业工人素养要求,体现现代职业教育校企合作成果,既可以满足职业院校教育教学的要求,也可以满足企业内部员工培训的需要。

本教材是扬州市劳模工匠学院的发端之作,得到扬州市总工会的支持与帮助;是新型研发平台——扬州市人力资源服务协同开发基地的阶段性科研成果,得到扬州人力资源与社会保障局的认可与扶持;扬州市人力资源服务行业协会全面参与教材编写,是地方行业协会针对企业工人培训需求推出的校企合作教材。适用于职业院校的在校学生、企事业单位的员工以及对职业素养有兴趣的各界人士。

职业素养是个人职业生涯中不可忽视的核心议题,也是国家高质量人力资本积累的有益助力。我们谨致献芹之忱,希望通过本书帮助更多的读者提高职业素养,在奉献社会的主基调上拥有理想、美满的职业生涯。在此由衷感谢所有为本教材筹划、编写和出版做出贡献的扬州市相关政府部门、扬州市人力资源服务行业协会工作人员和扬州地区各类企业管理人员,也诚请广大读者在使用过程中不吝赐教,提出宝贵建议与意见。

《职业素养》编写组

2024 年 3 月

目录

项目四　职业心理素养

项目五　职业安全素养

附　录

主要参考文献

一、职业素养与职业

（一）职业的概念与内涵

职业（occupation）是指参与现代社会分工，用专业的技能和知识创造物质或精神财富，获取合理报酬，丰富社会物质或精神生活的一项工作，也就是人们在现代社会分工条件下谋求幸福生活的方式与手段。从国民经济活动所需要的人力资源角度来看，职业是指不同性质、不同内容、不同形式、不同操作的专门劳动岗位；从社会属性来看，职业是指劳动者参与社会分工，承担必要的责任和义务，同时获取相应的报酬与权利。

参照中国职业规划师协会（China Career Development Mentor Association, CCDMA）的定义，职业是性质类似工作的总称。在特定的组织内部，它表现为职位（岗位，position），我们在谈某一具体的工作（职业）时，其实也就是在谈某一类职位。每一个职位都会对应着一组任务（task），也就是任职者的岗位职责。而要完成这些任务就需要这个岗位上的人，即从事这个工作的人，具备相应的知识、技能、态度等。

（二）职业的分类与发展

职业是职场上的专门行业，是对劳动的分类，是社会分工的产物。职业分类的方式很多，也没有定式，通常以所从事的产业或行业为主，并结合工作特点混合使用。在商品经济发达的西方社会中,职业通常指具有一定专长的社会性工作。在中国古代,职业通常分为士、农、工、商四大类,《管子·小匡》中就有"士农工商四民者,国之石(柱石)民也"。

课程视频

职业分类
与发展

对于当代中国的职业分类,根据不同部门公布的标准,有多种不同分类方式:国家统计局、国家标准总局、国务院人口普查办公室1982年3月发布,供第三次全国人口普查使用的《职业分类标准》,依据在业人口所从事工作性质的同一性进行分类,将全国范围内的职业划分为大类、中类、小类三层,即8个大类、64个中类、301个小类;国家发展计划委员会、国家经济委员会、国家统计局、国家标准局批准,1984年发布并于1985年实施的《国民经济行业分类和代码》,主要按企业、事业单位、机关团体和个体从业人员所从事的生产或其他社会经济活动性质的同一性分类,即按其所属行业分类,将国民经济行业划分为门类、大类、中类、小类四级;劳动和社会保障部、国家质量监督检验检疫总局、国家统计局联合组织编制,1999年5月正式颁布的《中华人民共和国职业分类大典》,将我国职业归为8个大类、66个中类、413个小类、1 838个细类(职业)。2015年新修订版《中华人民共和国职业分类大典》,则是以"工作性质相似性为主、技能水平相似性为辅"的分类原则,将我国职业分类体系划分为8个大类、75个中类、434个小类,共1 481个职业,并列举了2 670个工种,标注了127个绿色职业。

知识链接

新增加
18种新职业

随着中国特色社会主义进入新时代,我国综合国力迅速提升,国家经济实力、科技实力全面发展,新技术、新产业、新业态、新模式纷纷出现,发展迅猛,引起社会职业结构出现大规模变化。我国人力资源管理的发展变革必须跟上新时代发展的需求,2022年7月,人力资源和社会保障部会同国家市场监督管理总局、国家统计局颁布了新版《中华人民共和国职业分类大典》(公示版),包括8个大类、79个中类、449个小类、1 636个细类(职业)。与前版大典相比,新增法律事务、辅助人员等4个中类,数字技术工程技术人员等15个小类,碳汇计量评估师等155个职业。

(三) 职业素养在职业中的定位

中国特色社会主义进入新时代,社会职业分类细致,种类繁多,各种职业都对从业人员有一定的资质要求。这些资质要求可以分为许多方面,但就整体而言,可以分为两个层次:一是从事职业必备的专业知识与技能,二是从事职业所必需的专门职业素养和基本职业素养。二者是相辅相成、缺一不可、相互成就的关系。职业知识和技能是从事某种职业所必需的,具有专门性;而职业素养通常是从事所有职业都需要的,具备普遍性和通用性。当然,这种通用性是相对的,特定职业或岗位往往对从业人员某一方面或某些方面有特殊的偏重和要求,例如,服务行业看重从业人员的敬业意识和礼仪修养,高危职业则更看重从业人员的心理素质和安全素养。我们这里所要重视和讨论的,就是在建设新时代中国特色社会主义的背景下,从中国普通劳动者以至大国工匠都应具备的通用性职业素养。

二、职业素养的概念与内涵

依循职业的内在要求,劳动者在世界观、人生观、价值观以及在个人专业知识、技能基础上呈现出来的行为习惯和作风养成,就是职业素养。简而言之,职业素养是一种综合品质,体现了从业者在从事职业活动时的具体表现。

职业素养内涵丰富,包含职业道德、职业知识、职业能力、职业技能以及职业健康、职业安全、职业审美、职业形象等多方面内容。职业素养与个体行为之间的关系是辩证的,职业素养属于综合内涵范畴,个体行为是外在的具体表象。个体职业行为认知、职业知识、职业技术技能及其相应的作风和行为习惯的总和构成了职业素养,它既表现为职业知识与技能运用的熟练程度和综合职业能力的高低,也表现在富有个体职业特点的思维方式、职业道德行为和守法守纪的职业自觉。

从不同角度看,对职业素养内涵的理解也有差别。

(1) 从职业素养体系层面看,职业素养可分为公共素养、行业素养、岗位素养。

公共素养具有普适性,是现代劳动者从事任何职业都必须具备的基础性素养,如职业道德、职业健康、职业安全等;行业素养具备行业属性,是劳动者从事某一行业所需要具备的共性素养,如环保绿化、石油化工、水利水电等均有相应的行业素养要求;岗位素养是劳动者从事某一具体工作岗位所应具备的具体素养要求,具有针对性和特殊性。三个层面的职业素养由普遍到特殊,后者建立在前者基础之上并在某一或某些方面强化,从而构成了现代劳动者应有的职业素养体系。

(2)从具体职业岗位看,职业素养是其内在必须遵循的规范和要求。

职业岗位具有特殊性,个体的职业素养必须与具体从事的工作岗位相匹配。不同的工作岗位对从业人员的素养要求有不同的侧重与强调,这就衍生出工作岗位各自的从业规范与从业要求,从业者的职业行为和习惯都必须遵循这些规范和要求。例如,计算机网络工作人员必须重视信息安全工作,民航飞行员必须将工作安全与乘客安全放在首要位置。

(3)从企业角度看,职业素养表现为考核员工综合素质的企业标准。

在现代企业制度下,人的因素已成为企业发展与壮大的核心要素,人力资源管理也成为企业管理的核心之一。现代企业已经发展出符合自己企业要求的"选人用人"标准,亦即考核员工综合素质的企业标准。优秀的企业纷纷开发适合自己发展需要的员工素养考评体系,主要包含企业员工公共素养标准、企业不同层次的员工素养标准、企业不同岗位的员工素养标准、新员工选人标准、老员工素养发展标准等。

(4)从劳动者角度看,职业素养是从事不同职业所必需的,以及人本身实现可持续发展的素质要求。

职业素养是现代劳动者从事职业活动必不可少的基础,缺乏职业素养是难以适应现代社会职业发展日新月异的需求的。比如岗位素养可以保证劳动者胜任特定岗位,行业素养可以让劳动者胜任某个职业群并实现转职、晋升、加薪等可持续发展需求,公共素养则是劳动者在职业生涯任何时期都必不可少的重要因素。每一位劳动者都必须正确地认识与重视职业素养的培养。职业素养的高低与个人的成长环境、受教育程度以及智商、情商有关,但职业素养是可以后天培养并不断发展的。它可以通过个人修习、学校教育、职业训练等方式获得并形成可持续发展。职业观念意识的树立、职业情感态度的形成、职业思维方式的建立与职业行为习惯的养成这四类培养过程相互配合,构成了一个人职业素养的养成体系。职业素养的养成与一个人职业生涯的发展密切相关,是影响劳动者职业成就的关键因素之一。

（5）从高职院校角度看,职业素养是培养高素质技术技能人才的重要内容。

《中华人民共和国职业教育法》第二条:"本法所称职业教育,是指为了培养高素质技术技能人才,使受教育者具备从事某种职业或者实现职业发展所需要的职业道德、科学文化与专业知识、技术技能等职业综合素质和行动能力而实施的教育,包括职业学校教育和职业培训。"第四条:"实施职业教育应当弘扬社会主义

知识链接

职业道德与
工匠精神

核心价值观,对受教育者进行思想政治教育和职业道德教育,培育劳模精神、劳动精神、工匠精神,传授科学文化与专业知识,培养技术技能,进行职业指导,全面提高受教育者的素质。"这就明确指出职业教育培养的是"高素质"人才,"职业道德""劳模精神""劳动精神""工匠精神"都属于职业素养的范畴。对即将走上社会的学生进行职业素养的训练与培育是职业院校的使命与任务,是素质教育与职业教育相结合的必然要求,是实现产教融通、校企合作的现实必然途径,也是引导学生向社会主义现代化事业的建设者和接力者成长的必经之路。

三、职业素养的特征

影响和制约职业素养的因素很多,包括受教育程度、实践经验、社会环境、工作经历以及自身的一些基本情况（如身体、心理状况等）,职业素养的基本特征包含以下几个方面。

1. 可塑性和稳定性

素养是教化的结果，是由学习、训练和实践而习得的一种综合修养。职业素养是后天教养的结果，是从业人员通过长时间的"学习—改变—学习—形成"而最后变成习惯的一种职场综合素养；素养也是自身努力的结果，要想具备高尚的职业情操、精湛的工作技艺、良好的行为习惯，需要反复练习直到成为习惯，最终形成职业素养。特别是隐性素养，它是经过长时间的体验、内化、迁移、升华才形成的，一旦形成，就会基本保持稳定。

2. 职业性和发展性

职业的性质和岗位不同，职业素养的具体内容和要求也不同。一个人的职业素养是通过职前和职中的学习、实践、修炼逐步形成的，具有相对性和职业性。随着社会发展，用人单位对人才的要求不断提高，为了更好地适应、满足社会发展和自身发展的需要，从业人员也在不断地提升自身的素质。因此，职业素养具有发展性。

3. 普遍性和特殊性

职业素养是职业对从业人员的规范和要求，是企业选人、用人所使用的考核与评价标准。任何从业人员都应具备良好的职业态度和敬业精神、健康的身心素质、深厚的集体主义精神等公共素养。同时，不同行业的职业素养要求也有差异。例如，教师要教书育人、为人师表，医生要救死扶伤、仁心仁术等等。不同层次、不同岗位的职业要求也不同。例如，老员工和新员工、技术岗位和管理岗位的素养要求也有明显差异。

4. 传统性和时代性

职业素养是一种历史现象，是在行业和职业发展过程中不断地积累、积淀而形成的。职业素养同时也是一种时代精神，作为社会主义先进文化的有机组成部分，职业素养不可能独立于时代特征而存在，时代精神是职业素养的重要内容和主要基调。现代人在具备人文、科学、知识、能力等传统素养的同时，还应具备信息素养、科研素养、创新素养等。

5. 实践性和内生性

尽管职业道德、职业态度、职业精神等大多属于意识形态的范畴，但是如果不用来规范行为、指导实践、服务生活，就会失去现实价值。因此，理论源于实践又指导实践，意识形态催生的东西只有通过学习、体验、实践才能不断内化、升华，职业素养通过实践能加强内涵，更有深度。

6. 内在性和外显性

职业素养通常是隐性的，它往往根植于从业人员的内在而难以测量。例如，道德、心理、作风和态度等方面的职业素养，隐而不显，但对显性职业素养的形成和发展有着巨大的影响。人们在从事职业工作的过程中，必然通过职业行为显现出自己的综合素质，这些行为不仅外显为职业形象，包含从业人员的能力、态度、价值观等，还会直接物化为学历证书、资质证书或者专业考试成绩等，因而职业素养具有外显性特征。冰山模型把职业素养分为显性素养和隐性素养，认为能用证书或通过考试验证的就是显性素养，如知识、技能；而一个人的内在修养，如心理素养、人格品质、道德水平、责任意识、工作态度、敬业精神、奉献精神等则是隐性素养。

课程视频

职业内在性和
外显性

知识链接

冰山模型

四、职业素养的重要性

1. 职业素养是个人立业之基

如果说职业是人安身立命之本，那么，职业素养就是立业之基。

良好的职业素养是现代社会求职的"金钥匙"。在科技竞争、经济竞争越来越激烈的当代社会，各类企业对人才的要求越来越高。用人单位不仅要看求职人员是否具备必需的专业知识和技能等基本条件，而且会更重视其职业素养，企业需要的不仅是某个专业领域的技术技能能手，更需要拥有良好职业素养的高素质人才。职业素养高的从业人员不仅用起来放心，而且在之后的工作中无论是掌握专业技术的能力、沟通的能力,还是团队协作性都会更加理想,也就是说能够在岗位上很快地发挥潜能,具有很强的可塑性和发展潜力。

因此,具备良好的职业素养是事业成功的基础,也是职业生涯可持续发展的保障。《汉书·李寻传》说:"马不伏历(枥),不可以趋道;士不素养,不可以重国。"宋代陆游《上殿札子》认为:"气不素养,临事惶遽。"《后汉书·刘表传》云:"越有所素养者,使人示之以利,必持众来。"有人用大树原理来描述职业素养尤其是隐性职业素养的重要性:如果劳动者是一棵树,那么想要长成参天大树,关键就在于要有发达的根系源源不断地提供营养,而根系就是人的隐性职业素养。有调查表明,绝大多数人在工作中仅发挥了 40%~50% 的能力,如果能够受到良好的职业素养教育,就能发挥出能力的 50%~80%。因此,对从业人员而言,职业素养,尤其是职业隐性素养,是立足职场的根本,决定了职业生涯的高度与成就。

2. 职业素养是企业发展的关键要素

在市场经济条件下,企业的生存和发展取决于其市场表现(企业知名度、美誉度、市场占有率等)。从表面上看,企业是靠自己的产品质量、数量、价格、品种和服务参与竞争的,其实在背后起决定作用的是人。人是生产力的第一要素,现代企业的发展离不开科学的管理,离不开技术的创新,离不开资金的使用,而这些工作都是在人的作用下实现的。没有人的因素,企业的一切无从谈起。人的因素决定着企业的生产、经营、发展,职工的素养体现着企业的形象。因此,企业发展的核心是人才发展,优秀的人才能促成企业的良好可持续发展。宝洁公司前董事长理查德·杜普利(Richard Deupree)曾说过:"如果你把我们的资金、厂房及品牌留下,把我们的人带走,我们的公司会垮掉;相反,如果你拿走我们的资金、厂房及品牌,而留下我们的人,十年内我们将重建一切。"比尔·盖茨曾被问及:"如果让您离开您的办公大楼,您还可能创办出如此奇迹般的公司吗?"他的回答是:"当然可以。不过,得让我挑选出 100 名员工带走。"

在当前国内外市场竞争日趋激烈的形势下,企业只有不断加强自身建设,才有可能在潮头浪尖上立足。而员工素质的培养和提升，正是企业自身建设的重要内容之一，它直接影响到企业的基础实力和发展潜力。例如，中国现在可以很自豪自己的基建业：据交通运输部发布的相关数据，截至 2021 年底，国家高速公路累计已建成 11.7 万千米，覆盖 98.8％的城区人口 20 万以上城市及地级行政中心，连接了全国约 88％的县级行政区和约 95％的人口；据新华社 2023 年 1 月 13 日报道，全国铁路营业里程从 2012 年的 9.8 万千米增长到 2022 年的 15.5 万千米，其中高铁从 0.9 万千米增长到 4.2 万千米，稳居世界第一；目前世界上高难度、创纪录的桥梁，大多诞生于中国，例如世界十大跨海长桥中国占五座，世界十大斜拉桥中国占七座，世界十大悬索桥中国占五座。这些数据足见中国基建的强劲实力，这种实力是建立在一家家中国优质企业的基础之上的，同时背后还有 5 253.8 万名吃苦耐劳、甘于奉献、团结协作的优秀建筑工人的默默付出。

3. 职业素养是实现国家强盛的战略因素

劳动者素质对一个国家、一个民族的发展至关重要。当今世界，综合国力的竞争归根到底是人才的竞争、劳动者素质的竞争。这些年来，中国制造、中国创造、中国建造共同发力，不断改变着中国的面貌。从"嫦娥"奔月到"祝融"探火，从"北斗"组网到"奋斗者"深潜，从港珠澳大桥飞架三地到北京大兴国际机场凤凰展翅……这些科技成就、大国重器、超级工程，离不开大国工匠执着专注、精益求精的实干和一丝不苟、追求卓越的精神。这些高技能人才以坚定的理想信念、不懈的奋斗精神，脚踏实地地把每件平凡的事做好，在平凡的岗位上做出了不平凡的成绩，由此孕育出的工匠精神，是我们宝贵的精神财富，也成为中国共产党人精神谱系的重要组成部分。正如习近平总书记强调的："劳模精神、劳动精神、工匠精神是以爱国主义为核心的民族精神和以改革创新为核心的时代精神的生动体现，是鼓舞全党全国各族人民风雨无阻、勇敢前进的强大精神动力。"

中国当前所提倡的劳动精神、劳模精神、工匠精神，都属于职业精神，是劳动者职业道德、职业态度、职业品质等精神内涵的集中体现,是新时代建设者职业价值观的行为表现,例如敬业、精益、专注、创新等方面的内容,都属于职业素养的范畴。截至 2020 年底,全中国技能劳动者超过 2 亿人,高技能人才超过5 000 万人。实践证明,技术工人队伍是支撑中国制造、中国创造、中国建造的重要基础,对推动经济高质量发展不可或缺。

中华人民共和国第一届职业技能大赛 2020 年 12 月 10 日在广东省广州市开幕,习近平总书记致信祝贺时指出:"各级党委和政府要高度重视技能人才工作,大力弘扬劳模精神、劳动精神、工匠精神,激励更多劳动者特别是青年一代走技能成才、技能报国之路,培养更多高技能人才和大国工匠,为全面建设社会主义现代化国家提供有力人才保障。"大力弘扬工匠精神,培养更多高素质技能人才、能工巧匠、大国工匠,才能为全面建设社会主义现代化国家、实现中华民族伟大复兴的中国梦提供有力人才和技能支撑。因此,提升全民职业素养是实现国家民族强盛的战略任务,是转变方式、调整结构、改善民生的实际行动,是各级政府开展工作的正确指导理念,是实现中华民族伟大复兴的一项基础性、战略性工程。

对于大学生而言,职业素养的培养和提升具有重要意义。首先,职业素养是顺利就业的基础。在当今竞争激烈的就业市场中,企业用人不仅看重学历和专业技能,更注重应聘者的职业素养。具备良好职业素养的求职者往往能够在面试和工作中表现出色,获得企业的青睐和信任。其次,职业素养是职场发展的保障。一个人的职业素养水平决定了其职业生涯发展的高度和广度。职业素养高的人不仅能够在工作中不断学习和进步,还能够获得更多的发展和晋升机会;反之,则难以在工作中获得突破和发展,甚至可能面临被淘汰的风险。最后,职业素养是学生个人成长的重要支撑。通过培养职业素养,学生可以更好地认识自己、了解自己,明确自己的职业定位和发展方向,从而更好地规划自己的职业生涯。同时,职业素养的提升也能够帮助学生更好地适应社会、服务国家,成为一个有责任感、有担当的人。因此,大学生应该注重发展自身的职业素养,不断提高自己的综合素质和竞争力,为将来的就业和职业发展做好充分准备。

五、职业素养的主要内容

职业素养是职业的内在要求在从业人员行为上的体现,是劳动者的品质在职业活动中的综合表现。它的外延非常宽泛,内涵则包括职业道德、职业知识、职业能力、职业心理、职业健康与安全、职业形象、职业审美等诸多方面。一般而言,职业信念、职业知识与能力、职业行为习惯被视作职业素养的三大核心要素,随着现代社会科学技术的迅猛发展,人们的工作方式日新月异,处于激烈竞争环境中的现代企业对员工素质也提出了更高更全面的要求。我们认为,除了基础性的职业素养,现代社会对从业人员的职业素养更看重以下五个方面,即职业道德素养、职业知识素养、职业能力素养、职业心理素养、职业安全素养。这五个方面也是本书探讨的主要内容。

1. 职业道德素养

职业道德是从事一定职业的人在职业活动中应该遵循的,符合自身职业特点的职业行为规范与行为准则,是人们通过学习与实践养成的优良的职业品质,是人们在从事职业活动的过程中形成的一种内在的、非强制性的约束机制。不同的职业人员在特定的职业活动中形成了特殊的职业关系,包括职业主体与职业服务对象之间的关系、职业团体之间的关系、同一职业团体内部人与人之间的关系,以及职业劳动者、职业团体与国家之间的关系。

职业道德具有如下特征:① 职业道德是一种职业规范,受社会的普遍认可;② 职业道德是长期以来自然形成的;③ 职业道德没有确定形式,通常体现为观念、习惯、信念等;④ 职业道德依靠文化、信念和习惯,通过员工的自律实现;⑤ 职业道德大多没有实质的约束力和强制力;⑥ 职业道德的主要内容是对员工义务的要求;⑦ 职业道德标准多元化,代表了不同企业可能具有不同的价值观;⑧ 职业道德承载着企业文化和凝聚力,影响深远。

自从有了职业区分,职业道德就受到人们的重视,中国古代士人历来将自我的道德建设与国家、民族的命运紧密联系在一起,主张"修身、齐家、治国、平

知识链接

社会主义职业
道德规范

天下"，并且产生了著名的"横渠四句"："为天地立心，为生民立命，为往圣继绝学，为万世开太平。"建设社会主义现代化的强国，需要我们继承优秀的中华民族传统道德观念，社会主义核心价值观也倡导爱国、敬业、诚信、友善等内容，因此，将个人的奋斗与企业、社会、国家、民族联系起来，才是高尚的职业道德观。在当代经济全球化背景下，国家与国家、企业与企业之间的竞争越来越激烈，以美国为首的发达国家纷纷实行"再工业化"战略，而"中国制造2025"战略也正引领着我国制造业的可持续发展，国家迫切需要具有优秀职业道德、秉持精益求精的工匠精神的新时代建设者，这就对新时代各行各业的从业人员提出了更高的职业道德要求。在传统的家国情怀之外，新时代从业人员还应该强化"爱岗敬业、诚实守信、办事公道、热心服务、奉献社会"五个方面的职业道德。

2. 职业知识素养

职业知识是人们从事某种职业所必须具备的多种知识的总和，是从业人员与职业本身相互作用所获得的有效信息。

职业知识分为专业知识与通用知识，前者是从业人员要胜任某一职业必须具备的专业性能力，如医务工作者必须具备医学专业知识；而后者是所有从业人员都应该具备的基础性、应用性知识，内容涵盖与人们职业活动有关的各个方面，二者是相辅相成、互为羽翼的关系。通用性职业知识，从从业人员角度而言，可大致分为组织知识和基本知识两个方面；对于大学生来说，则可划分为科学知识、人文知识、社会学知识三个方面。

职业知识素养主要包括人们对知识的认识、学习以及对知识的态度等。掌握扎实的职业知识对形成良好的职业素养非常重要。首先，职业知识是个人开展工作的起点，职业知识素养影响人们工作能力的发挥，关系到人的职业心理健康，以及职业生涯可持续发展的深度和广度；其次，拥有良好职业知识素养的员工队伍是企业赢得市场竞争的依凭；最后，人类社会已进入知识经济时代，知识经济是以现代科学技术为核心的，它建立在知识和信息的生产、存储、使用和消费之上，是可持续发展的经济,经济增长直接依赖于知识和信息的生产、传播和使用,高技术产业成为第一产业支柱,智力资源成为首要依托。因此,劳动力的整体职业知识素养水平成为一个国家经济发展壮大与赢得国际竞争的重要因素。

我国是发展中的大国,自改革开放以来,整体国民的文化素养不断提升,推动了国家的发展与强大。新时代背景下,国家与国家之间的竞争越来越激烈,围绕知识产权的国际贸易纷争越来越多,要实现"中国制造 2025",打造新时代的"大国工匠"队伍,实现国家的强大与民族的复兴,必须实现中国人口职业知识素养水平的进一步提升,这已经成为我们现在乃至未来必须解决的重要问题。据相关数据显示,2023 年 16—59 岁劳动年龄人口平均受教育年限为 11.05 年,比 2022 年提高 0.12 年,但据 2023 年经合组织(OECD)的统计数据显示,我国拥有大专及以上人口学历的只占 18.54%,与 OECD 国家平均 39.95% 的门槛还有一定差距。由此可见,我国劳动力人口整体职业知识素养水平的提升还是任重而道远。

3. 职业能力素养

职业能力是人们从事职业活动时多种能力的综合,是个体将所学的知识、技能和态度在特定的职业活动或情境中进行类化迁移与整合所形成的能完成一定职业任务的能力,它由专业能力、方法能力和社会能力三部分组成。其中,专业能力主要是指从业人员能够胜任某一职业的专业性能力,如教师工作岗位需要最基本的教学能力;方法能力则强调从业者的逻辑与抽象思维、获得信息的方式、分析与解决问题的手段及创造力等;社会能力主要包括沟通协调、团队合作、社会责任感、自信心、工作积极性等方面的能力。这三部分体现出显著的层次性,在一个人的职业生涯中,专业能力是基础层次,方法能力处于中间层次,社会能力属于最高层次。也就是说,专业能力帮助个体入职,方法能力和社会能力(关键能力或职业核心能力)能促进个体发展,是个体职业生涯发展的核心要素,所以我们也将方法能力和社会能力合称为"职业核心能力"。

职业核心能力是人们在职业生涯中除专业能力之外的基本能力,是劳动者从事任何一种职业都必不可少的基本能力,它适用于各种职业,适应岗位的不断变换,是伴随人终身的可持续发展能力。职业核心能力可以分为三个方面:一是基础核心能力,即职业沟通、团队合作、自我管理;二是拓展核心能力,即解决问题、信息处理、创新创业;三是延伸核心能力,即领导力、执行力、个人与团队管理、礼仪训练、"五常"管理①、心理平衡。2006年,教育部在《关于全面提高高等职业教育教学质量的若干意见》中就指出,要"教育学生树立终身学习理念,提高学习能力,学会交流沟通和团队协作,提高学生的实践能力、创造能力、就业能力和创业能力",并在办学水平评估指标体系中要求测评学生的"自我学习、信息处理、语言文字表达和合作协调能力"。此外,国家其他相关文件中也一再强调学生及职业人士的职业核心能力的重要性。

职业核心能力是一个人成功就业和职业生涯可持续发展的关键,是当今世界各国职业教育和人力资源开发的热点。当前,职业核心能力已成为人们就业、再就业和职场升迁所必备的能力,也是在校、已就业和即将就业人群竞争力的重要因素,更是企事业单位在职人员提高综合素质的重要内容。

4. 职业心理素养

职业心理是人们在职业活动中表现出的认识、情感、意志等相对稳定的心理倾向或个性特征。职业也有拟人化的心理和性格,不同的职业具有不同的性格特质。在职业心理中,性格影响着一个人对职业的适应性,不同的职业对人也有不同的性格要求。在求职时,明晰自己的职业性格对于后面的职业发展来说是很重要的。人在不同职业阶段往往有不同的职业心理,依据职业活动的过程,职业心理可分为择业心理、求职心理、就业心理、失业心理、再就业心理等,不同阶段的职业心理对职业活动会产生不同的影响。

职业心理时刻影响着人们的工作态度、工作方式、价值取向等,具备良好的职业心理素养是助力职业生涯顺利发展的重要因素之一。职业心理素养是劳动者对社会职业了解与适应能力的一种综合体现,其主要表现在职业兴趣、职业能力、职业个性及职业情况等方面,具体而言就是个体与职业有关的心理活

---

① 即常组织、常整顿、常清洁、常规范、常自律。

动、心理倾向及个性特征。现代社会竞争激烈而又变革迅猛，一个人只有具备了良好的职业心理素养，才能在工作中更清楚地认识自己，准确定位自己，从而积极主动地调整自己的情绪、需要、性格等，努力适应外部环境的变化要求，顺利完成自我的职业发展。

在现代工作情境下，职业心理健康备受关注，身心健康是企业用人的基本标准。具备心理学基础知识与情绪管理能力，能科学处理工作与生活中的各种压力，形成良好的社会适应能力与良好的职业心理素养，保持职业心理健康，是当下所有劳动者必备的职业素养。职业心理健康不仅关系到个人职业生涯的顺利进行与个人工作、生活的幸福，也关系到企业的安全生产，甚至关系到社会的安全与稳定。

5. 职业安全素养

职业安全意在加强安全生产管理，进行事故预防。首先，要培养员工建立安全生产管理的责任感和自觉性，帮助员工正确认识和学习职业安全健康的法律、法规知识；其次，要提高员工的安全技术意识，增强安全操作能力，懂得自身在安全生产中的地位和作用。随着现代科学技术的不断发展，新技术、新材料、新工艺广泛应用，新的劳动组织形式不断出现，这些都给社会带来了知识结构、技术结构、管理结构等方面的深刻变化，对职业安全也提出了新的要求。重视和加强安全学习时刻不能放松。

结合行业特点和在校学生现状，基于职业核心培养理论、现实课堂教学及企业安全上岗培训的实践情况，应从安全意识、安全教育、安全生产等三个方面来培养学生的职业安全素养，引导学生珍惜生命、爱护健康，并做到以下几点：能主动避开危险场所；有较强的安全生产意识，坚持"安全第一，预防为主，综合治理"的方针，如从事易燃易爆、有毒有害作业时谨慎操作，不粗心大意；掌握一定的安全技术知识和安全操作规程；通过刻苦训练熟悉安全操作，避免失误；知晓相关的安全生产法规制度并自觉遵守，遇到异常情况，勇于面对不逃避，能采取应急措施，把危情消灭在萌芽状态或阻止事态扩大等。总之，应做到坚守职业安全习惯、践行职业安全承诺、提升职业安全素养。只有坚持将小事做细，精益求精，持续强化安全责任意识，做到"事事有人负责，环环有人负责"，才能真正实现从"要我安全"到"我要安全"的转变。

六、职业素养的培养

职业教育是让受教育者获得某种职业或生产劳动所需要的职业知识、技能和职业道德的教育。新时代的职业教育面对着培养全面建设社会主义现代化国家所需要的高素质技术技能人才这一重要且艰巨的任务。习近平总书记对职业教育工作做出重要指示时强调："加快构建现代职业教育体系，培养更多高素质技术技能人才、能工巧匠、大国工匠。"《中国教育现代化2035》《江苏教育现代化2035》也不约而同地提出要加快发展现代职业教育。为实现这一目标，现代职业教育需要在人才培养的两个层面和两个方面做出积极尝试和大胆改革：两个层面是指职业教育所面向的受众层面，一是将要走上工作岗位的青年人，二是已经走上工作岗位的劳动者；两个方面是指职业教育的人才培养内容，一是指现代职业技术技能的培养，二是指职业素养的培育。

1. 高职学生职业素养的培养

高职院校是高职学生职业素养的培养主体之一，承担了最主要的职业素养培养任务。无论是从学生就业、企业用人的需求还是社会与国家的需要出发，高职院校都应该坚持"三全育人"的目的与要求，全面提高育人质量，在重视学生专业知识与专业技能培养的同时，还要将培育学生的职业素养提高到同等重视的程度。

（1）在日常学习生活中培养职业素养。

良好职业素养的形成不是一朝一夕的事，它需要从日常学习生活中的点滴小事做起，经过长期积累，才能形成。在职业素养的培养中，要引导学生对职业素养形成正确认知，提升自身职业素养的行为自觉，从遵守学校规章制度、国家法律法规、社会公德以及日常行为规范做起,从平日的言行举止做起,由小及大,严格要求自己,只有这样,才能自觉形成良好的行为习惯,培育良好的职业道德与信念,为自己的职业生涯打下坚实的素养基础。

（2）在德育课程教学中培养职业素养。

学校应充分发挥人文素质教育课程的作用,通过德育课程如大学思政、大学语文、心理健康教育、职业生涯规划、职业道德与法律、形势与政策等课程,引导学生全面、深入地认识职业素养,了解当下经济社会的发展现状以及当今社会所要求的职业人才,了解职业素养的内涵及其对发展自我、实现自我价值的重要意义,激发学生的社会责任感,端正学生对自己人生负责的态度,引导学生正确评估自身的素养水平,找出差距,确定目标,制定措施并付诸行动。

（3）在专业课学习中培养职业素养。

课程是教学活动的媒介,是一切教育思想的载体,也是课堂教学的依据。高职学校专业课程中蕴含着丰富的职业素养内容,教师在教学活动中要有组织、有计划地把相关内容挖掘出来,通过课堂教学更进一步地予以渗透;教师要有意识、有针对性地把企业管理体制、工作制度、奖惩制度、工作方式方法等有机地融入课堂,潜移默化才能水到渠成。

（4）在实训实操中培养职业素养。

学校可通过各类实训功能室、网络虚拟操作间、模拟实训室等,按照企业的管理制度和工作规程要求,落实按时、保质、高效、低耗的产品要求等,使学生切实感受企业的考勤制度、工作规程、岗位责任,从而培养学生的职业素养,为将来更好地适应企业生活做好准备。

（5）在社会实践中体验和改进职业价值观。

通过校企合作推进产教融合改革,为学生提供社会实践机会,同时积极展开调研与评估,主动找出学校教育与企业需求之间存在的差距,改善教育策略,让学生深刻感悟一个现代职业人所应具备的职业道德、职业意识、职业能力等,从而不断优化和调整学生的职业意识和就业心态。

2. 社会人职业素养的培养

（1）政府的顶层设计与政策支持。

国民职业素养关系着国家的发展与强大，从中国制造向中国"智"造转变离不开高素质的技能从业人员。2018年5月，《国务院关于推行终身职业技能培训制度的意见》（以下简称《意见》）中，大力倡导劳动者终身培训理念，以加速我国从"人口红利"向"人才红利"转变。

《意见》要求，以习近平新时代中国特色社会主义思想为指导，全面深入贯彻党的十九大和十九届二中全会、三中全会精神，坚持以人民为中心的发展思想，适应经济转型升级、制造强国建设和劳动者就业创业需要，推行终身职业技能培训制度，大规模开展职业技能培训，着力提升培训的针对性和有效性，建设知识型、技能型、创新型劳动者大军。

《意见》提出了推行终身职业技能培训制度的一系列政策措施。一是构建终身职业技能培训体系。内容包括：完善终身职业技能培训政策和组织实施体系；围绕就业创业重点群体，广泛开展就业技能培训；充分发挥企业主体作用，全面加强企业职工岗位技能提升培训；适应产业转型升级需要，着力加强高技能人才培训；大力推进创业创新培训；强化工匠精神和职业素质培育。二是深化职业技能培训体制机制改革。内容包括：建立职业技能培训市场化社会化发展机制，建立技能人才多元评价机制，建立职业技能培训质量评估监管机制，建立技能提升多渠道激励机制。三是提升职业技能培训基础能力。内容包括：加强职业技能培训服务能力建设，加强职业技能培训教学资源建设，加强职业技能培训基础平台建设。

曾任中国人力资源和社会保障部副部长的汤涛提出，要深化人力资源供给侧结构性改革，尤其是要强化企业主体作用，从而使大规模的职业技能培训尽快落地，加速我国从"人口红利"向"人才红利"转变。培育经济发展新动能、适应经济高质量发展必然要求劳动者素质的提升。随着政策的逐步落实，未来中国工人的整体职业素养会稳步提升，这也将推动我国向制造强国继续发展。

（2）企业应建立科学的员工职业素养培训体系。

日本著名企业家松下幸之助曾说过，"一个天才的企业家总是不失时机地把对职员的培养和训练摆上重要的议事日程"。教育是现代经济社会大背景下的"撒手锏"，谁拥有它谁就预示着成功。21世纪的今天，高素质的人力资源已成为经济和社会发展的第一资源，尤其是在现代企业中，人员素质的差异与管理水平成为拉开企业间差距的主要原因。一个企业要想在经营上取得成功，必须重视员工培训，也就是员工继续教育。

目前，国内大部分现代企业对员工职业素养培训的重要性认识还不够，对员工培训资金投入严重不足。国内企业大约仅有5％比较重视对员工的资本投入。年人均教育培训费10元～30元的企业约占20％；而在10元以下的企业约占30％。一些亏损企业更不愿意投资对员工进行培训。企业要想长久地生存与发展，首先应该重视员工的职业素养培训，并建立现代的、科学的、符合企业文化建设需求的员工职业素养培训体系。这种体系的建立应遵循以下基本原则。

一是战略原则。企业必须将员工的培训与开发提高到战略高度，应根据自身发展目标及战略制定培训规划，使员工培训与企业长远发展紧密结合。

二是理论联系实际、学以致用原则。员工培训应有明确的针对性，从实际工作需要出发，与职位特点、培训对象个体特征状况紧密结合，保证培训发挥实效。

三是与企业文化融合原则。职业素养的培训应该与企业目标、企业文化、企业制度、企业优良传统等结合起来，形成自己的特色，培养员工的自豪感和归属感，使其认同企业的理念与未来发展规划。

四是全员培训与重点提高相结合的原则。全员培训就是有计划、有步骤地对所有在职员工进行培训，这是提高全体员工素质的有效途径。同时，培训也要分层次、有重点，如对企业成功发展有着重大影响的管理和技术骨干、有培养前途的梯队人员以及新入职员工等，应该分类而教。

五是培训效果的反馈与强化原则。培训效果的反馈指的是在培训后对员工进行检验，目的是巩固员工学习的技能、及时纠正错误和偏差，反馈的信息越及时、越准确，培训的效果就越好。强化则是指经反馈对接受培训人员实行奖励或惩罚。其目的一方面是奖励接受培训并取得良好绩效的人员，另一方面是加强其他员工的培训意识，使培训效果得到进一步强化。

当下越来越多的优质企业对员工职业素养培训予以充分的重视，并根据自己的企业文化建立起科学的员工培训体系。如华为公司将持续的人力资源开发作为可持续成长的重要条件，致力于建设学习型组织。华为公司员工培训体系包括新员工培训系统、管理培训系统、技术培训系统、营销培训系统、专业培训系统、生产培训系统。这些系统集一流的教师队伍、一流的技术、一流的教学设备和环境为一体，拥有专、兼职培训教师千余名。深圳总部的培训中心占地面积达13万平方米，拥有阶梯教室、多媒体教室等各类教室110余间，能同时开设2 000人的培训。教室的装备和设计满足教师授课、TBT(Technologies Based Training)辅助教学等多种教学手段的需要。培训中心还有学员宿舍、餐厅、健身房等生活设施，为培训学员提供了舒适的环境。

（3）高等院校应积极参与。

党的二十大报告中明确指出："统筹职业教育、高等教育、继续教育协同创新，推进职普融通、产教融合、科教融汇，优化职业教育类型定位。"产教融合是产业与教育的深度合作，是高等院校为提高其人才培养质量而与行业企业开展的深度合作。行业企业与高校共同推进产教融合，毫无疑问为高校的学生提供了提升职业素养的机会，而高校尤其是高职院校也应该发挥自己的智力优势，积极走向社会，走进企业，推进社会就业人员和企业员工职业素养的提高。

推动职业院校开展企业培训，不但可以实现培训资源的合理配置，以及企业的培训需求与职业院校培训供给的有效对接，而且能够促进职业院校的变革与转型。2015年，教育部与人力资源和社会保障部联合印发了《关于推进职业院校服务经济转型升级面向行业企业开展职工继续教育的意见》，明确对我国职业院校开展企业培训提出了具体要求:"实现教育类型多元化、管理规范化,多数职业院校成为行业企业职工继续教育的重要阵地,在全国建成 1 000 个职工继续教育品牌职业院校,为加强企业职工继续教育提供有力支撑。"未来职业院校开展培训工作将是一种新常态,职业院校应更新观念,承担更多的社会责任,使职业培训成为职业院校工作的重要组成部分,推动职业院校企业培训的健康发展。

项目一

职业道德素养

【导语】

要深入开展群众性精神文明创建活动,广泛开展社会公德、职业道德、家庭美德、个人品德教育,不断提升人民文明素养和社会文明程度。

——习近平总书记在深圳经济特区建立 40 周年庆祝大会上的讲话

【案例导入】

大国工匠:艾爱国

"七一勋章"颁奖词称,艾爱国是工匠精神的杰出代表,在焊工岗位奉献 50 多年,精益求精,追求卓越,勇于自主创新,攻克了数百项技术难关,成为一身绝技的焊接行业"领军人"。

从响应党的号召投身湘潭钢铁厂建设,到勇攀技术高峰,在焊工岗位上几十年如一日,一直干到退休还不曾停下脚步。艾爱国真正做到了"党的事业哪里有需要,就在哪里献出全部光和热"。

"当工人,就要当个好工人。"这是父亲对他的嘱咐。

真正入门后,艾爱国发现,焊接材料上万种,焊接方法不下百种,哪是凭蛮劲能学会的? 师傅水平高,何时能达到? 20 岁的小艾有些烦恼,却也有了目标。

在家人看来,"坐不住"的艾爱国竟然捧起了专业技术书,笔记做得比谁都整齐认真。艾爱国一本正经地说:"叫花子还要学讨米功呢,不学习怎能进步?"

翻开艾爱国当年的工作日志,扉页上,他郑重写下一句话勉励自己:刻苦学习、钻研,攻克难关,攀登技术高峰。

他常去湘钢图书馆,在那里找到不少苏联翻译过来的读本。1982 年,32 岁的艾爱国以 8 项考核全部优异的成绩,考取气焊、电焊合格证,成为湘潭市当时唯一持有两证的焊工。

1985 年 6 月,他光荣加入了中国共产党。他说,好党员要有真本事。

此后，艾爱国笔耕不辍，结合实践，潜心钻研理论，写下数十万字技术笔记，获发明专利1项；参加国家部委组织的教材编审工作，主审和参审多本焊接技术丛书；与他人合作编著的两本《焊接技术与自动化》相继出版。

6月12日早上7点不到，他吃完每日固定早餐——一碗加了鸡蛋的燕麦粥出门，走20分钟到湘钢，刷卡，一头钻进研究大楼。

数十万字的技术笔记躺在书柜里，因为常翻阅，手汗将侧页染成黑色。打开电脑，艾爱国又开启了另一座宝库。

技能大赛试题、项目攻关材料、焊接工艺卡……几百GB的材料，艾爱国将其井然有序地整理到文件夹内。电脑不设密码，可供大家查阅。

"这是助理帮您整理的吗？"翻阅电脑里浩如烟海的文件，记者询问。

"诶，莫小看我！"艾爱国迅速打开工程绘图设计软件，用鼠标点击一幅颇复杂的焊接示意图，"我现在就画个图给你看看。不会用电脑，算什么劳模？"

艾爱国评上湘钢劳模，是1984年的事情了。随后，他陆续获评全国"劳动模范"、全国"十大杰出工人"、全国五一劳动奖章……艾爱国大师工作室里，奖状奖牌摆了一大堆。

2008年8月，湘钢成立焊接实验室，之后又加挂"艾爱国大师工作室"的牌匾。从一线施工到办公室，湘钢给艾爱国配上了电脑。

"当时开机都不知道怎么开，看到别人用电脑，自己不敢凑前看。"艾爱国说。有次办公室要艾爱国写篇发言稿："您手写，我们找个年轻人帮您打字。"这句无心的话刺痛了艾爱国。他认识到，劳模光环只是一时的，要让人信服，要靠实力，还得与时俱进。

翻开那段时间艾爱国的工作日志，能看到他自学电脑的全过程。

从开机学起，大半个月，已经学到了"依克赛尔"和"沃德"——他给Excel和Word的标注，方便背记。3个多月的学习，艾爱国进步神速，已经开始用软件绘制工程图，能自己在电脑上完成一份完整的焊接工艺卡。出去培训，课件全部自己制作。

艾爱国时刻更新知识体系，为我国冶金、军工、矿山、机械、电力等行业攻克焊接技术难关 400 多个,改进工艺 120 多项。

艾爱国用 50 多年的时间,实现了自己最初写下的"攀登技术高峰"的目标,也将自己活成了一座高峰。

【思考】你认为艾爱国身上具备哪些品质?从文中哪里可以体现?

"道德"一词最早可追溯到《史记·夏本纪》的皋陶之语:"信其道德,谋明辅和。"由此可见道德一词的历史源远流长。随着现代社会分工发展和专业化程度的提升,大学生在入职前应该具备怎样的职业道德呢?

一、职业道德概述

1. 职业道德的概念

职业道德是指从业人员在一定的职业活动中应遵循的职业行为规范与准则。这些职业行为规范和准则体现了一定的职业特征,同时能调整一定的职业关系。它是评价一个人品行的重要标准,也是个人成长和职业发展的重要保障。

职业道德概念有广义和狭义之分。广义的职业道德是指从业人员在职业活动中应该遵循的行为准则,涵盖了从业人员与服务对象、职业与职工、职业与职业之间的关系。狭义的职业道德是指在一定职业活动中应遵循的、体现一定职业特征的、调整一定职业关系的职业行为规范和准则。

2. 职业道德的作用

在社会主义道德建设中,职业道德是重要的组成部分,是社会道德在职业活动中的外在表现,是一种更为具体化、职业化、个性化的社会道德。加强职业道德建设,是提高职业整体素质的必然要求,也是新时代社会主义物质文明和精神文明建设的重要内容。职业道德一方面具有社会道德的一般作用,另一方面又具有一定的特殊作用,具体表现在以下几个方面。

第一,职业道德具有调节职能。它一方面可以通过职业道德规范约束内部从业人员的行为,调节从业人员内部的关系,从而促进团结与合作,例如职业道德规范要求各行各业的从业人员,都要爱岗敬业、诚实守信、奉献社会等。另一方面,职业道德可以调节从业人员和服务对象之间的关系。各行各业都有其相应的职业道德规范,例如师生关系相处方式、医患关系处理方法、餐饮行业服务要求等。

第二,职业道德可以增强企业凝聚力,协调从业人员的同事关系。同事间要保持和谐、默契的关系,就要有较高的职业道德素养。具体而言,从业人员在工作中应处理好与同事的关系。例如,自觉接受和分担应完成的工作;尊重同事的隐私;合作时多替同事着想;关心和信任对方,积极帮助对方解决困难;与同事在工作上积极配合;不在上级和他人面前诋毁和贬低同事,不要因同事取得优异成绩受到嘉奖或晋升而产生嫉妒心理,不挖苦讽刺、打击同事;等等。

第三,职业道德有助于维护和提高本行业的信誉,促进本行业的发展。行业企业的信誉与其产品和服务在社会公众中的信任程度密切相关,从业人员职业道德水平越高,越容易生产出质量精湛的产品,也更容易为顾客提供优质的服务,可以说,从业人员较高的职业道德水平是产品质量和服务质量的有效保证。

第四,职业道德有助于提高全社会的道德水平。职业道德是社会道德的主要内容,它涉及每个从业人员如何对待职业,也能体现出从业人员的生活态度和价值观念;同时,职业道德也是从业及行业人员的行为表现,行业及从业人员职业道德越高,越容易促进社会道德水平的提高。

第五,职业道德有助于完善人格,促进人的全面发展,是个人事业成功的保证。良好的职业道德对促进从业人员做好本职工作、实现职业理想具有重要的推动作用,有助于提高个人的综合素质,培养个人的创新精神,是实现人的全面发展的主要途径。

在职业生活中,职业道德规定了不同职业的具体岗位要求,指导从业人员在各自具体的工作岗位上树立清晰的职业目标,明确具体的职业理想,培养具体的职业道德素养。实践证明,职业生活中的一些消极品质,如浮躁、自私、懒惰、狭隘、嫉妒、推诿、马虎等,不但会使人们在工作岗位上碌碌无为,也不利于个人的成长提高；而如认真、忠诚、担当、无私、勤奋、进取、宽容、勇敢、坚定等积极品质，则可以推动从业人员在职业生涯中成长，在职业活动中实现自我价值。因此，我们要积极培养和形成优秀品质，不断提高职业道德素养。

拓 展 阅 读

忠诚奉献、科技报国的"两弹一星"元勋：程开甲

程开甲，男，汉族，江苏吴江人，1918 年 8 月出生，1962 年 11 月入伍，原国防科工委科技委正军职常任委员、教授，中国科学院院士，我国著名理论物理学家。

他是忠诚奉献、科技报国的"两弹一星"元勋，是我国核武器事业开创者、核试验科学技术体系创建者之一，他先后参与和主持了首次原子弹、氢弹试验，以及两弹结合飞行试验等在内的多次核试验，为我国核武器事业发展做出了卓越贡献。

20 世纪 50 年代，他放弃英国皇家化学工业研究所研究员优厚待遇和条件，投笔从戎，走进大漠，投身于核武器研制试验。面对我国核试验准备初期，理论、技术均是一片空白的不利形势，他带领技术骨干夜以继日研究攻关，拟定原子弹爆炸试验总体方案，研制原子弹爆炸测试所需仪器设备，为首次核试验成功实施奠定了坚实基础。在之后多次核试验中，他精心设计总体方案，亲自组织关键技术攻关，解决了场地选址、方案制定、场区内外安全以及工程施工等理论和技术难题。

他还带出一支高水平人才队伍，培养出 9 位院士和 30 多位将军，取得丰硕科技成果。先后荣获全国科学大会奖、国家科技进步特等奖、国家最高科学技术奖，1999 年被中共中央、国务院、中央军委授予"两弹一星功勋奖章"。

2018 年 11 月 17 日，程开甲在北京病逝，享年 101 岁。

（改自任初轩编：《功勋："八一勋章"获得者故事》，人民日报出版社 2022 年版）

二、职业道德的内容

2019 年，中共中央、国务院印发的《新时代公民道德建设实施纲要》提出："推动践行以爱岗敬业、诚实守信、办事公道、热情服务、奉献社会为主要内容的职业道德，鼓励人们在工作中做一个好建设者。"可见，职业道德主要包括爱岗敬业、诚实守信、办事公道、热情服务、奉献社会等方面内容。

（一）爱岗敬业

知识链接

爱岗敬业是对各行各业工作人员最普遍、最基本的要求。爱岗，就是热爱自己的岗位，尽心尽力地做好本职工作。敬业，就是以负责的态度对待自己的工作。爱岗是敬业的前提，敬业是爱岗的进一步情感升华。爱岗敬业就是从业人员尽心尽力完成自己

敬业的特征

的工作，以及在职业行为中表现出埋头苦干、任劳任怨的强烈责任感和忘我精神。

中国自古以来就十分重视职业道德修养。传统文化强调对从事各种职业的人们进行管理和教化，使他们的行为符合该行业的职业道德规范，就可以使人民安其居、乐其业、尽其职，使社会安定、社稷巩固。无论是哪个行业的职业道德规范，其核心内容都指向"敬业"与"乐群"两个方面。朱熹解释敬业为"专心致志，以事其业"，《礼记》讲人成长时要"一年视离经辨志，三年视敬业乐群"，认为青年学习要达到的第二个阶段就是要学会敬业。大禹治水三过家门而不入，王猛为相临终不忘国事，范仲淹为官振衰除弊而政绩卓然等，都表明了爱岗敬业在社会生活中的突出地位。

现今，爱岗敬业已经成为单位选人用人的重要标准。一个人只有干一行、爱一行，才能钻一行、专一行，最大限度地发挥自己的聪明才智，为单位发展做贡献。企业可能允许员工在能力上有所欠缺，但不能容忍没有敬业精神的员工。那些缺乏敬业精神、频繁跳槽的员工是最不受企业欢迎的人之一，而具有高度敬业精神的员工，无论到哪里都会受到重用。

拓 展 阅 读

杭州最美司机：吴斌

2012年5月29日早7点10分，吴斌驾驶着浙A19115大客车从杭州出发，开往无锡，10点10分顺利抵达。休息了1个小时后，11点10分，他从无锡站再次出发，准备返回杭州。他工作9年没

有出过任何事故。可这次，他却没能平安返回。

11时40分左右，车辆行驶至锡宜高速公路宜兴方向阳山路段时（江苏境内），突然一铁块（后确认为制动毂残片）从空中飞落击碎车辆前挡风玻璃再砸向吴斌的腹部，导致其肝脏破裂及肋骨多处骨折，肺、肠挫伤。

在危急关头，他强忍着剧烈的疼痛将车辆缓缓停下，拉上手刹、开启双闪灯，以一名职业驾驶员的高度敬业精神，完成一系列完整的安全停车措施。之后，他又以惊人的毅力，从驾驶室艰难地站起来告知车上旅客注意安全，然后打开车门，安全疏散旅客。当做完这些以后，耗尽了最后一丝力气的他，瘫坐在座位上。吴斌，他没有把最宝贵的第一时间留给自己拨打120，而是留给了车上的24名乘客。

在遭遇意外事故的紧急关头，吴斌忍受身体的剧烈疼痛，将车辆安全停下，保证了旅客的安全，体现了一名客车驾驶员强烈的责任心和高度的敬业精神。

要做到爱岗敬业，可以从以下几个方面努力。

课程视频

爱岗敬业

第一，树立职业理想。职业理想是人的社会化过程的反映，也是人的身心发展的必然结果。人类个体在环境和教育的影响下，随着知识水平和爱好兴趣的发展，会逐步培养起对某种职业的爱好，并在此基础上形成一定的职业理想。职业理想分为初级、中级和高级三个层次。初级层次是职业理想的基本层次，具有普遍性，是为了维持自己和家庭的生存，过安定的生活，这是人对职业的最初动机、最低要求。中级层次的职业理想，表现出因人而异的多样性。每个人都希望从事适合个人能力和爱好的工作，以充分发挥个人才智。高级层次的职业理想，是人们承担社会义务，通过社会分工将职业同人类的前途和命运联系起来。职业理想三个层次的内容和要求虽然明显不同，但是在一个人身上，它们却是可以同时存在的。

第二，强化职业责任。职业责任是人们在一定职业活动中所承担的特定的职责，它包括人们应该做的工作及应该承担的义务。职业责任是企业和从业人员安身立命的根本，具体体现在能否保质保量地完成自己的工作任务，能否很好地为自己的工作对象服务，能否为社会服务等方面。我们应自觉明确自己的职业责任,树立职业责任意识,加强职业责任修养;要认真学习与自己工作有关的规章制度,同时在职业实践中,经常对自己的思想和行为进行反省,开展自我批评,不断纠正自己的职业行为偏差。

第三,形成良好职业心态。职业心态影响着职业态度,要用积极、正面的思维方式主导自己的职业活动,要培养良好的职业心态,如积极进取、坚持不懈、感恩奉献等,避免不良的职业心态,如消极应付、心浮气躁、半途而废、自私懒惰等,只有形成良好的职业心态,才能真正做到爱岗敬业。

知识链接
工作中应具备的
职业心态

第四,提高职业技能。职业技能不过关就不可能履行好职业责任、实现职业理想,爱岗敬业也就不会实现。职业技能的形成与提高通常需要具备以下条件:一是先天生理条件;二是职业活动实践;三是职业教育。先天生理条件是一个人职业能力的基础,职业活动实践使人的职业技能得以习得和发挥,职业教育则是培养和提升人的职业技能的重要途径。企业的职业技能培训需要严密地组织和科学地计划。

拓 展 阅 读

建功基层、爱岗敬业的优秀士官:王忠心

王忠心,安徽休宁人,1968年10月出生,1986年12月入伍。他是爱岗敬业、追求卓越的优秀士官。入伍30多年来,他在平凡战位上用非凡业绩演绎出"兵王"传奇,熟练操作3种型号导弹武器,精通19个导弹测控岗位,执行重大任务28次,参加实装操作训练1300多次,没有下错一个口令、没有连错一根电缆、没有报错一个信号、没有记错一个数据、没有按错一个按钮,排除故障200余次,写下近20万字的导弹专业学习笔记,参与20余本教案和规程的编写,被官兵誉为"操作王""排故王""示教王"。

当班长28年,他始终以"把兵带好、把班管好"为职责担当,在当好"兵头将尾"上倾尽心力,总结"王忠心科学带兵24法",所带战士中有5人提干、6人走上旅团领导岗位、11人考上军校、45人成为技术骨干,多人被树为先进典型,充分发挥了"酵母"作用,赢得基层官兵的由衷敬佩。

王忠心先后被评为全国"道德模范"、全军"爱军精武标兵"、"优秀共产党员"、"践行当代革命军

人核心价值观新闻人物"、"百名好班长新闻人物",原第二炮兵"十大砺剑尖兵"、"十大优秀士官"、"十大好班长标兵",3次获全军士官"优秀人才奖",2015年被原第二炮兵授予"践行强军目标模范士官"荣誉称号。

（改自任初轩编：《功勋："八一勋章"获得者故事》,人民日报出版社2022年版）

"人民楷模":王继才

王继才(1960—2018),出生于江苏省连云港市灌云县,2003年10月加入中国共产党,曾任江苏省灌云县开山岛民兵哨所所长、开山岛村党支部书记。

自1986年起,王继才和妻子王仕花二人克服常人难以想象的困难,守卫孤岛整整32个年头(截至2018年)。他在困难面前不低头,在邪恶势力面前更表现出一位守岛卫士的凛然正气,升国旗、巡岛护航,对抗走私、偷渡等不法分子,日复一日,他和妻子守护着海岛相伴一生。

2014年,王继才夫妇被评为全国"时代楷模"。2018年7月27日,王继才在执勤时突发疾病,经抢救无效去世,年仅58岁。2018年12月7日,王继才获评为江苏改革开放做出突出贡献的先进个人;2019年2月18日,他被评为"感动中国2018年度人物"。

（二）诚实守信

课程视频

诚实守信

诚,是真实不欺,不自欺;信,是遵守履行诺言,不欺人。诚实是守信的心理品格基础。对人以诚信,人不欺我;对事以诚信,事无不成。诚实守信,是为人之本,是中华民族的传统美德。《论语》中,孔子说:"人而无信,不知其可也。大车无輗,小车无軏,其何以行之哉?"《论语·学而篇》中提到,"与朋友交,言而有信"。商鞅立木取信、周幽王烽火戏诸侯等都反映出诚信的重要。

拓 展 阅 读

立木取信:商鞅

春秋战国时期,秦国著名的政治家、改革家、思想家商鞅在秦孝公的支持下提倡改革,积极实施变法。而当时战火连天,人心涣散,百姓终日处于担惊受怕阶段。为提高王朝威信,推动改革事项的进行,一天商鞅下令在都城集市的南门外立一根三丈高的木头,并当众询问:谁能把这根木头搬到北门,赏金十两。围观的百姓并不知道此举何意,纷纷观望,却没有一个人敢出手一试。于是,商鞅又说道:谁能把这根木头搬到北门,赏五十两金。重赏之下必有勇夫,终于有人壮着胆子,将木头扛到了北门。商鞅立即奖赏他五十两黄金。一夜之间,大街小巷广为流传。商鞅这一举动极大提高了政府的公信力,为变法拉开了帷幕,从此商鞅变法在秦国领土上迅速推广,新法又使秦国日益强盛,为统一中国奠定了坚实的基础。

烽火戏诸侯:周幽王

早在商鞅变法400多年以前,就发生过一场震惊天下的"烽火戏诸侯,一笑失天下"的荒诞闹剧。相传周幽王即位以后,日渐沉湎美色,疏于朝政。他有个宠妃叫褒姒,深得周幽王喜爱。一天,为博取美人一笑,周幽王下令在都城附近20多座烽火台上点起烽火——烽火是边关报警的信号,只有在外敌入侵需召诸侯来救援的时候才能点燃。结果,附近的诸侯看到烽火,以为是发来的救援信号,一时率领全部大军向都城涌去,等赶到时才发现不过是君王博美人一笑的花招,于是纷纷愤然离去。褒姒看到平日威仪赫赫的诸侯手足无措的样子,终于开心一笑。但好景不长,西夷犬戎入侵西周,周幽王收到消息后匆忙命人再次点燃烽火,然而诸侯由于之前事件的戏耍不敢贸然行动均未赶到,最终幽王被杀,褒姒被虏。

(摘自微信公众号"大城融媒发布",有改动)

新时代下,诚信的内涵、外延得到进一步扩展。在市场经济下,道德与经济的矛盾被放大,而诚信是两者的调和剂,遵守经济与市场运行的基本规则是现代诚信的重要表现之一。

诚信做人、踏实做事的具体要求有以下几个方面。

1. 恪尽职守,对企业忠诚

恪尽职守即认真履行岗位职责,按要求认真做好每一件事,对于工作中出现的问题和错误,要如实汇报,并积极查找原因,做好整改工作。自觉做到对企业忠诚,自觉维护企业利益,不做有损企业利益的事。

知识链接

忠诚于企业,
你需要这样做

2. 遵规守纪，严守企业机密

遵规守纪即严格遵守企业的规章制度，按制度程序办事；诚实劳动，出勤出力；不随意离岗脱岗，影响工作。要有保密意识，做好保密工作，严守企业机密，维护企业机密信息的安全。不向外泄露企业科技成果、设计资料、商业秘密以及其他不宜外传的数据资料等。

3. 主动担当，坚持诚信

主动担当即应主动担当起自己应负的责任，积极开展工作，同时面对工作失误或事故，不找借口推卸责任。在职业活动中，要讲信用，这是个人信用道德品质在职业生活中的体现，是诚实守信的职业道德的具体化。在职人员要热爱、珍视自己的工作岗位，竭尽全力做好岗位工作；对工作认真负责，履行好岗位职责，这是对每个在职人员的基本信用要求。同时，还要认真钻研业务知识，提高职业技能，总结工作经验，提高工作效率，有诚信的工作态度与实事求是的精神等。

拓 展 阅 读

首届全国诚实守信模范候选人：尚金锁

尚金锁，1951年10月出生，河北柏乡人，中共党员，大专学历，国家粮油储检高级工程师，享受政府特殊津贴专家。现任河北柏乡国家粮食储备库党支部书记、主任。

尚金锁坚持用诚信经营赢得市场信任，创立了企业名牌，使柏乡粮库实现连续多年盈利上台阶，由全省最小的一个基层粮站发展成为全国同级库中最大的粮库。

他对国家讲诚信。带领员工始终以强烈的事业心和责任意识，用一流的工作状态管理中央储备粮，用最先进的设施储存中央储备粮，用最先进的技术保管中央储备粮，用最优质的粮食轮换中央储备粮，确保中央储备粮数量真实、质量良好，确保国家急需时调得出、用得上。他对农民讲诚信。组织农村粮食经纪人诚信队伍，加强职业道德教育、信息服务和业务培训，帮助农民种好粮、管好粮、卖好粮，把诚信服务延伸到千家万户。他对客户讲诚信。注重产品质量，讲究货真价实；重合同，守信用；规规矩矩经商，堂堂正正做人。他对银行讲诚信。柏乡粮库连续16年被评为全省金融信贷AAA企业，是全省唯一连续16年获此殊荣的企业，也是全国唯一荣获中国农业发展银行首批黄金客户称号的县级粮库。

　　尚金锁是第九、十、十一、十二、十三、十四届全国人大代表,全国"劳动模范"、"全国五一劳动奖章"获得者;享受国务院特殊津贴待遇的专家、全国"道德模范",2019年9月被授予"最美奋斗者"荣誉称号,2020年12月被科技部、中央宣传部、中国科协授予"全国科普工作先进工作者"称号;担任中国粮食行业协会常务理事、中国粮食经济学会常务理事、中国粮油学会常务理事。《人民日报》《经济日报》《河北日报》、中央电视台、河北电视台等新闻媒体都报道过他诚信经营的事迹。

(摘自共产党员网,2013年8月20日)

(三) 办事公道

　　办事公道是处理职业内外关系的重要行为准则,是一切行业、岗位必须遵守的职业道德。办事公道要求我们在办事情、处理问题的时候,要站在公正的立场上,做到公平合理、不偏不倚,不论对谁都是按照同一个标准办事。公正是几千年来为人们所称道的职业道德,每个从业人员都要坚持真理,办事情、处理问题要合乎公理,合乎正义;要公私分明,不以权谋私,不损害集体利益和他人利益;要公平公正,坚持按照原则办事,不徇私情。要做到办事公道,一是需要树立正确的价值观,包括尊重法律、崇尚公正、维护公平等;二是在处理各种事务时,始终坚持公平公正的原则,不偏袒任何一方,不受个人情感或利益影响,做到公正无私;三是要严守法律法规,了解并遵守国家法律法规和所在场所的规章制度,不做违法违纪的事情。

知识链接

办事公道的
具体要求

拓 展 阅 读

苏东坡妙对讽老僧

　　一天,苏东坡乔装秀才,带一个家仆,前去游览江南风景圣地莫干山,见一座道观,便和随从一起进去讨杯茶喝。道观主持道人见他衣着简朴,以为是个落第秀才,冷淡地说:"坐",回头对道童说了声:"茶!"后来见他口吐珠玑,谈吐不凡,料定有些来历。老道立刻换了一副面孔,说声"请坐",又叫道童"敬茶"。

坐了一会儿,老道借沏茶之机,悄悄地向仆人打听,才知道是大名鼎鼎的苏大学士到了,立刻把苏东坡引至客厅,毕恭毕敬地说:"请上座!"并回头吩咐道童:"敬香茶!"苏东坡心想,出家人尚且如此世故,难怪世上人情淡如水。不觉暗暗发笑。老道人好不容易抓住了这个时机,便请苏东坡留墨题词。苏东坡就把眼前发生的事实经过,写成了一副对联:

坐!请坐!请上座!

茶!敬茶!敬香茶!

这副对联,诙谐有趣,把老道以貌取人、十分世故的形态和嘴脸,勾画得惟妙惟肖。老道人见对联自知失礼,不由满面羞愧。

(四)热情服务

热情服务是指在服务过程中,以热情周到的态度、专业的技能,及时有效地满足服务对象的需求,提高服务对象的满意度。热情服务对于企业的发展至关重要,它不仅有助于提升客户满意度和忠诚度,还能增加企业的竞争优势和内部协作能力,提升企业形象,从而增强企业的知名度和美誉度,提升企业的市场地位。热情服务的具体要求包括热情友好、专业诚信、耐心细致、及时有效、创新务实等方面。只有做到这些要求,才能提高客户的满意度和忠诚度,增强企业的竞争力和市场地位。

知识链接

服务群众

高职院校大学生可以在校园生活中,以积极、主动、友好的态度为同学、老师提供帮助和服务。热情服务应是大学生的自觉行为,通过积极参与校园服务,为校园生活增添正能量。应时刻保持友好、亲切的态度,尊重他人,关心他人,展现大学生的良好风貌。在提供服务时,要注重专业性和高效性,尽可能地提高服务的质量和效率。

拓 展 阅 读

19 点钟的太阳:徐虎

徐虎在水电修理工的平凡岗位上,长期积极主动地为居民排忧解难,用"辛苦我一人,方便千万家"的精神,谱写了一曲新时代的雷锋之歌。

作为上海普陀区中山北路房管所的水电修理工,徐虎发现居民下班以后正是用水用电高峰,也是故障高发时间,而水电修理工也已下班休息这一问题,于1985年在他管辖的地区率先挂出三个醒目的"水电急修特约报修箱",每天19时准时开箱,并立即投入修理。从此,19时,成了徐虎生活中最重要的一个时间。10多年来,不管刮风下雨、冰冻严寒还是烈日炎炎,无论是工作日还是节假日,徐虎总会准时背上工具包,骑上他的那辆旧自行车,直奔这三个报修箱,然后按着报修单上的地址,走了一家又一家。

10多年来,他从未失信过。十年辛苦不寻常,徐虎累计开箱服务3 700多天,共花费7 400多个小时,为居民解决夜间水电急修问题2 100多个,他被群众誉为"19点钟的太阳"。徐虎爱岗敬业,十年如一日义务为居民服务,在平凡的工作中做出了不平凡的成绩。

(五) 奉献社会

奉献社会是人生价值的具体体现,是为人民服务和集体主义精神的最好体现,是职业道德的本质特征。奉献社会的重点是奉献,体现在爱岗敬业、诚实守信、办事公道和服务群众等各个方面,它是社会主义职业道德的最高要求、最终目标和最高境界。要做一个乐于奉献的人就要做到:一是自觉自愿地为他人、为社会贡献力量,完全为了增进公共福利而积极劳动;二是有热心为社会服务的责任感,充分发挥主动性、创造性;三是不计回报,就像吴登云的人生信条一样——"只问耕耘,不问收获;只讲奉献,不图回报"。

知识链接

奉献社会

拓 展 阅 读

第八届全国敬业奉献模范:张连钢

"时代楷模"张连钢,现任山东省港口集团有限公司高级别专家,是连钢创新团队的带头人。1983年,张连钢大学毕业来到山东港口青岛港;2013年,担任连钢创新团队带头人,建设中国人自己的自动化码头。在建设世界一流智慧港口、绿色港口重要指示精神的引领下,张连钢和团队成员从一张白纸起步,自主创新、自主攻关、攻坚破壁,在总平面布局、业务流程、生产调度、装卸工艺及集成建设等自动化码头方面取得 5 项突破、10 大创新成果重大进展,实现了人、数据、机器有机连接和高效运营,打破了国外垄断,建成了拥有自主知识产权的亚洲首个真正意义上的全自动化集装箱码头,实现了核心技术自主可控和对外输出,在全球自动化码头竞争浪潮中,抢占了属于中国人的一席之地。

作为全国敬业奉献模范,在建设自动化码头的过程中,张连钢说,敬业奉献,就是要干一行、爱一行、专一行。自动化码头的建设过程,是山东港口科技工作者坚守"家国情怀"、铸就"大国重器"的最好体现。张连钢说印象最深刻的是指挥码头设备高效运转的 ECS 设备控制系统的研发过程,为了实现关键技术自主可控,彻底摆脱国外行业巨头掣肘,他们放弃与国外厂商合作,同国内企业联合开发系统。一切从零开始,过程异常艰辛。当时,大家就一个信念,发扬山东港口人"拼命+创新"的精神,抱着"为中国人争口气"的初心和使命,一路迎难而上、艰难探索,最终啃下 ECS 设备控制系统研发这块"硬骨头"。

作为一名基层党员和科技创新工作者,张连钢始终以"国之大者"为念,加快自主可控全自动化堆场关键技术研究与应用、新一代自动化码头智能生产系统、5G 通信、北斗应用等重点创新项目的研发落地,力图攻克更多的"卡脖子"技术难题,带头使用国产技术和设备。聚力"双碳"港口建设,加快"氢进万家"科技示范工程建设,在氢能港口关键技术集成及示范,风、光、储、氢一体化综合示范项目上,着力打造"碳达峰、碳中和"绿色示范港,引领智慧绿色港口发展潮流。

三、职业道德素养的培养路径

1. 确立正确的人生观

确立正确的人生观是职业道德修养的前提。人生观是人们在实践中形成的关于人生目的和意义,涉及人生道路、生活方式的总的看法和根本观点,它决定着人们实践活动的价值取向、人生道路的选择、具体行为模式和对待生活的态度。人生观是世界观的重要组成部分,受到世界观的制约。人生观主要通过人生目的、人生态度和人生价值三个方面体现出来。一个人只有确立正确的人生观,才会有强烈的社会责任感,从而形成良好的职业道德品质。

2. 养成良好的行为习惯

良好的行为习惯是职业道德修养的基础。古人说:"合抱之木,生于毫末。九层之台,起于垒土。千里之行,始于足下。""勿以恶小而为之,勿以善小而不为。"可见养成良好行为习惯要从小事做起,逐步培养社会责任感和无私的奉献精神,从而形成良好的道德品质。

3. 学习先进人物的优秀品质

各行各业都有无数先进人物,他们在各自的职业活动中表现出高度的职业责任感,他们的优秀品质激励无数有志青年奋发向上。学习先进人物,首先要像他们那样具有强烈的社会责任感,其次是经常反思自己,勇于发现自身的不足和缺点,并及时弥补和改正,不断进行自我教育、自我完善,从而提高自己的职业道德修养。

拓 展 阅 读

乌恰农牧民心中的"白衣圣人":吴登云

吴登云(1940—),男,汉族,江苏高邮人。1963年从江苏省扬州医学专科学校毕业后,他响应党的号召,来到新疆维吾尔自治区乌恰县人民医院工作。1973年吴登云加入中国共产党,先后担任乌恰县人民医院院长、乌恰县政协副主席、乌恰县人大常委会副主任。50多年来,他热爱边疆、扎根边疆,为边疆各族人民奉献了一颗赤诚爱心;他医德高尚,对技术精益求精,对病人满腔热忱;他无私无我,乐于奉献,为抢救危急病人多次无偿献血,割下自己的皮肤为烧伤的柯尔克孜族儿童植皮;他淡泊名利,勤奋工作,展示出一名党员干部清正廉洁、光明磊落的胸怀;他不畏艰难,艰苦创业,呕心沥血实施"十年树人""十年树木"计划,为乌恰培养了一支"永久"牌的少数民族医疗队伍,把乌恰医院建成了一个园林式的医院。他用自己的实际行动践行着党的宗旨,谱写出一曲"仁者爱人"的大爱之歌,实现了一个医生平凡而伟大的人生追求,在帕米尔高原上竖起了一座民族团结和谐的不朽丰碑!

吴登云的事迹感人至深,催人奋进。他堪称当代共产党员的楷模、知识分子的代表、民族团结的典范、人民群众的贴心人。他先后被评为全国"优秀共产党员"、全国"劳动模范"、全国"双拥先进个人"、全国"先进工作者"、全国"民族团结先进个人",获得全国五一劳动奖章、白求恩奖章和"为民爱民模范"称号,当选为党的十六大、十七大代表;2009年9月,成功入选新中国成立以来"百位感动中国人物";2019年9月,新中国成立70周年之际,又被授予全国"最美奋斗者"荣誉称号。

(整理自吴登云事迹展览馆)

【训练任务】

任务一 "直面错误"游戏

游戏规则：队员相隔一臂站成几排，领队喊"一"时，向右转；喊"二"时，向左转；喊"三"时，向后转；喊"四"时，向前跨一步；喊"五"时，不动。

当有人做错时，做错的人要走出队列，站到大家面前先鞠一躬，然后举起右手高声说："对不起，我错了！"

做几个回合后，领队提问：这个游戏能给人什么启发？

这个小游戏表明了做人要勇于承担责任。面对错误，大多数情况下没人会承认自己犯了错误；少数情况下有人认为自己错了，但没有勇气承认，因为很难克服心理障碍；而有人站出来承认自己错了是极少数情况。现实生活中，难免会犯错误，有的错误发生时有人在场，有的错误发生时或许没有人知道，环境不同，认识错误的程度就不同，但不论何时何地，人都应勇于面对错误。

任务二 老木匠的故事

有个老木匠准备退休，他告诉老板，说要离开建筑行业，回家与妻儿享受天伦之乐。

老板舍不得他的好工人走，问他是否能帮忙再建一座房子，老木匠说可以。但是大家后来都看得出来，他的心思已不在工作上，他用的是软料，出的是粗活。房子建好的时候，老板把大门的钥匙递给他。"这是你的房子"，他说，"我送给你的礼物。"

老木匠目瞪口呆，无地自容。如果他早知道是在给自己建房子，他怎么会这样呢？现在他得住在一幢粗制滥造的房子里！

这个故事给你的启示是什么？

任务三 "口是心非"游戏

两个同学一组，一个同学提问，另一个同学只能以"是"或"否"作答。回答的时候，用动作如摇头或点头表示真实答案，而嘴里要说错误答案。

教师总结：口是心非真是一件很辛苦的事，精神要十分集中，要承受很大的心理压力，长期如此，可能会引发一系列的心理问题。因此，为人要坦荡，做人要心口如一。

任务四 我眼中的爱岗敬业

1. 活动准备

提前一至两天，请同学们写一篇日记或小作文，题目是《我眼中的爱岗敬业》。内容可以是在平时生活中看到的身边人或是网络上看到的关于爱岗敬业的案例，可以是对于爱岗敬业的理解，也可以是对如何做到爱岗敬业提出自己的意见和看法等。

2. 活动目的与意义

爱岗敬业是一个人发自内心的感受，是自觉行为的表现，每个人受家庭环境、社会环境等因素的影响，对爱岗敬业有着不同的理解。因此，本活动采取内省的方式，让同学们谈谈自己对爱岗敬业的理解，引导学生提出自己的疑惑，由全班同学一起来想办法解决问题，增进同学之间的感情和信任，从而今后能更好地协同学习。

3. 活动步骤

（1）以点名或自愿的方式，请同学们朗读自己的日记或小作文。

（2）教师引导同学们对作品进行分享和点评，总结实现爱岗敬业所需要的品质。

（3）请同学们交流自己在认识和了解爱岗敬业过程中遇到的困难和问题。

（4）对于同学们提出的问题，教师组织全班同学共同解答，总结如何才能做到爱岗敬业。

任务五　个人诚信大征询

1. 请学生自己设计一张"个人诚信情况征询表",设置好各栏目的分值(总分 100 分),栏目越详细越好。

2. 请学生在表上给自己的"诚信"情况打分。

3. 学生用设计的"个人诚信情况征询表"请周围的同学和老师用不记名方式给自己情况打分。

4. 比较自己给自己打的分和其他人给自己打的分之间的差异。

5. 将自己的调查情况汇总成一个简单的分析报告,并和同学们交流。

项目二

职业知识素养

【导语】

新时代中国青年要增强学习紧迫感,如饥似渴、孜孜不倦学习,努力学习马克思主义立场观点方法,努力掌握科学文化知识和专业技能,努力提高人文素养,在学习中增长知识、锤炼品格,在工作中增长才干、练就本领,以真才实学服务人民,以创新创造贡献国家!

——习近平总书记在纪念五四运动 100 周年大会上的讲话

【案例导入】

两个学生的就业之路

小王和小李都是某市属高等职业院校经管类专业大三年级的学生,适逢高校招聘季,某一天两人都在手机平台上刷到了一家网络公司公开招聘一位软件技术人员的消息,但招聘条件是计算机专业本科学历。小李看完这则招聘广告,觉得自己条件够不上,便直接关闭了页面。而小王很早发现计算机网络技术在当今社会上应用的广泛性,于是在学好本专业之余,小王自学了计算机编程,通过了微软认证考试,平时也在一些小微企业及工作室的网络部门兼职打工,积累了丰富的实践经验。小王看到这一则招聘信息,发现对方实际想要招聘的是拥有扎实专业知识和可靠专业技能的人才,于是进行了一番自我分析后勇敢地敲开了这家公司人力资源办公室的大门。

刚开始,企业 HR(human resource,人力资源)一看小王的学历没有达到本科,又不是计算机专业的,就想聊两句后婉言拒绝。没想到聊了一会儿之后,HR 发现眼前这个年轻人专业知识扎实,对行业和行情的了解也比较透彻,并且拥有可靠的技能证书和岗位实践履历,于是这位 HR 专门向总经理做了单独的汇报,请求考虑特聘小王。总经理了解情况后,特批予以录用,并给予小王与本科生同级别的待遇。小李看到小王成功获得了一份不可多得的好工作,而自己还在迷茫中找工作,心里顿时非常后悔。

【思考】为什么两人的求职结果如此不同?

大学生活不仅是成长的难忘经历,也是成才的关键阶段,是未来赖以生存的"知识资本"的重要积蓄期。学习并掌握足够的知识是大学生的首要任务。只有掌握以后走上工作岗位所必需的各类知识,才能充分发挥个人才干,为社会发展贡献力量,在物质上实现安身立命的同时,又能以胜任感、成就感充盈自己的精神世界。知识之河川流不息,知识之海浩瀚无垠,那么,大家应该构建怎样的知识结构,才能为将来的发展夯基垒台、立柱架梁呢?

一、职业知识素养概述

知识素养是一个人从业的基础,一名合格职业人应具备的知识素养应包括以下几个方面。

(一) 系统的政治理论知识

1999年1月1日起施行的《中华人民共和国高等教育法》第五十三条明确规定:"高等学校的学生应当遵守法律、法规,遵守学生行为规范和学校的各项管理制度,尊敬师长,刻苦学习,增强体质,树立爱国主义、集体主义和社会主义思想,努力学习马克思列宁主义、毛泽东思想、邓小平理论,具有良好的思想品德,掌握较高的科学文化知识和专业技能。"

不管从事什么工作,都要树立为人民服务和为社会发展服务的坚定理念。系统的政治理论知识为我们指明正确方向,提供科学认识世界和改造世界的方法,帮助我们更好地服务社会与人民。因此,要努力学习马克思主义中国化时代化的最新成果,掌握习近平新时代中国特色社会主义理论体系,扣好人生第一粒扣子,将自己的职业生涯发展与国家富强、民族复兴相结合,并以此为基石构建起一生的精神支柱。

【思考】年轻人如何将自己的职业生涯发展与国家富强、民族复兴相结合?

（二）扎实的专业知识

专业知识是指通过系统的学习和实践所获得的深入的、专门的或体系的知识，一般与工作岗位和工作内容紧密相关，是个体赖以生存与发展的基础。

拓 展 阅 读

专业知识的测评要素

招聘时，用人单位往往对应聘者专业知识的考察十分重视，通过笔面试等方法进行多方面测评，测评要素一般包括：

（1）有深厚扎实的专业知识基础，对专业领域内涉及的知识、原理、方法和流程等有良好的领悟力与驾驭能力。

（2）对本专业的前沿技术问题具有比较敏锐的洞察力，能够认识、预测到将来发展的广度和深度。

（3）对相关专业领域的发展趋势、前景和前沿发展等具有敏锐的嗅觉，不断寻找和尝试新技术以保持竞争力。

（4）对自己的专业能力有充分的信心，面对挑战时，相信自己的判断和决定。

（5）保持对其他岗位专业技能的开放心态，以确保能够更好地做好团队配合与工作衔接；在转换工作任务时，表现出良好的适应性和快速的学习能力。

（6）能够将个人的学习目标与职业生涯规划相结合，并制订相应的学习计划。

（7）能够通过网络、报纸杂志书籍、会议和人际交流等多种途径，快速获取大量的专业信息。

（摘自王小玲、邢士彦主编：《就业与创业指导》，知识产权出版社 2007 年版）

国内外很多知名企业非常看重大学生对专业知识的掌握情况。一项关于"上海大学生职业发展与就业状况"的调查显示，52％的用人单位表示会很看重应届毕业生的学习成绩。大多数大学生的能力与其专业成绩是正相关的，因此，国内许多公司倾向于招聘专业成绩拔尖的学生，而麦肯锡、联合利华等跨国公司也把学习绩点作为重要的筛选标准。国内某航天科技公司的招聘主管表示："专业成绩优秀的学生往往基础比较扎实，入职后虽然一时可能上不了手，但后劲很足。"

【思考】联系自己入学以来学习的各门专业课程（包括专业核心课和专业拓

展课等），想想你现在已经熟练掌握了哪些专业知识？哪些地方还有欠缺？你打算怎么补足短板？

（三）广博的文化基础知识

文化基础知识主要包括两大类。

一是自然科学知识。天文、地理、生物、化学、物理、信息化技术等方面的知识，是人类认识和改造自然界的智慧结晶，我们要有科学知识与素养，绝不是说要成为科学的"万事通"，而是说要有科学的态度、科普的常识、科技的手段，并善于把这些态度和知识贯穿到求学和工作中去，做到尊重科学，实事求是。

课程视频

科学文化
基础知识

二是人文社科知识。人文社科知识关注人类价值和精神表现，一般指的是文、史、哲、艺等方面的知识。许多学生对于专业知识掌握得较好，有些甚至称得上精通，但对文学、历史、艺术等方面就所知不多了，对哲学、伦理、美学等就更知之甚少，总以为未来工作中用得不多，因此并不是很关注这些，以致"书到用时方恨少"。等到要动笔表达的时候，发现搜肠刮肚，无话可说。人文社科知识对每一个社会成员的自我发展、自我评价有着重要的指导意义，会帮助我们认真思考人生价值、存在意义等问题，从而开阔视野，加深自己对社会、对生活的了解，在复杂多变的社会环境、跌宕起伏的职场乃至人生道路上保持稳健的心态，成为治学做人的精神动力。

拓 展 阅 读
杰出人才的人文底蕴

我国著名的科学家钱学森对音乐、诗歌、戏剧、电影、电视、绘画、雕刻、书法以及建筑、园林、工艺美术等都怀有浓厚的兴趣，他会拉小提琴，会弹钢琴，还会吹圆号，音色沉静柔美，画也画得很好。他不仅有渊博的科学技术知识，心中有一个广阔无垠的科学世界，还具有深厚的艺术造诣，拥有一个绚丽多彩的艺术世界，他徜徉在科学与艺术世界之中，因而思路广阔而灵活，思维之花长盛不衰。钱学森的夫人蒋英

知识链接

钱学森与
"大成智慧"

就是一位音乐艺术家。钱学森教授以自己的亲身感受为例说:"四十多年来,蒋英给我介绍了音乐艺术,正是这些艺术里所包含的诗情画意和对人生的深刻的理解,使我丰富了对世界的认识,学会了艺术的广阔思维方式。或者说,正因为我受到这些艺术方面的熏陶,所以我才能避免死心眼,避免机械唯物论,想问题能够更宽一点儿、活一点儿。"

我国著名科学家华罗庚、苏步青、竺可桢等都有很高的诗词修养。著名的地质学家李四光1920年在巴黎创作了我国第一首小提琴曲《行路难》,当1990年上海音乐学院作曲系教授、小提琴协奏曲《梁祝》的作曲者之一的陈钢捧着刚刚发现的这首曲谱时,简直不敢相信这立意深邃、层次清晰、调性规范的乐曲竟然出自李四光之手。

杰出人才的丰厚人文底蕴给我们的启示是深刻的。他们的成功离不开他们的人文基础。因此,大学生没有理由不重视人文知识的积累。

(摘自闫远东主编:《我的未来不是梦:入学教育》,山东人民出版社2012年版)

(四) 必要的工具性知识

进入职场前除了要有扎实的学科基础知识和专业知识,掌握一些必要的工具性知识也非常重要,在前导案例中,小王同学正是熟练掌握了当代社会大部分行业都需要的计算机技术,才得到了一份很不错的工作。当前各行各业都开始要求从业人员的水平达到"程度高、内容新、实用强",而掌握好现代的工具性知识不可或缺。

这里的工具性知识包括网络信息技术知识、方法论知识、外语知识、谈判沟通知识、法律与心理知识、创业类知识等。相比于学科知识或专业理论知识,工具性知识没有那么强的学术性,但具有鲜明的应用性与普适性。不管何种性质的高校、何种性质的专业,都会开设教授此类知识的课程。掌握这类知识,有助于提升专业素养和增强专业技能。

拓 展 阅 读

陈毅元帅谈外语学习

1962年,陈毅从自身谈起,语重心长地跟青年谈外语学习。他说:我年轻的时候也曾经学过几年英文、法文,可惜没有学过关,加之后来没有使用它,以前学到一些也就交回给老师了,如果有机会,我还想当个外语学院的学生,把外文补习补习。

机不可失,时不再来。陈毅进一层说:我建议同学们五年学习时间切不可浪费。五年过后就再没有这么好的学习机会了。时乎,时乎,不再来! 你们在五年之内,无论如何要使外语过关。过了关就不容易忘记。我年轻时外语没有过关,主要因为很多时间都用去搞政治运动,同时条件不够,那时我们很穷,连字典也买不起,好几块钱一本字典,家庭供应不起。至于外文画报、杂志更不敢想了。现在同学们机会很好,和我们青年求学时代的环境决然不同了。希望同学们千万不要错过机会啊!

学外语要学地地道道的外语。陈毅说:外国人讲话有外国人的语法,要强迫自己去学会外国人的语法,达到文从字顺的程度。如果写出外文来,文不从字不顺,就叫没有过关。学外语要多读、多记,光看不行。用外文把看、想、说三者,用一道手续完成。应当承认,学地地道道的外语是件别扭的事。外国人学中文也得承认别扭,"别"过来了,他的中文才能学好。中国人要学外国人说话的那个调调儿,调调儿学好了,你就过关了。我去法国时,有个同船同学到巴黎后他一个人住市郊小镇,一年之后,法语说得很好,他一个人住在小镇,一举一动都得跟法国人打交道,被迫把法语学好了,这说明环境很重要。

陈毅说:学外语要突破发音这一关,要克服文法上的困难,还要学好中文,你们比我们幸福,我们青年时代没有你们这样幸福。你们五年毕业以后主要是工作,学习就是辅助的了。有些同学将来要去担任翻译工作,外语不行,怎么工作? 好的翻译,像快刀斩乱麻一样,听了令人痛快。好的翻译可以使宾主谈得水乳交融,连双方的精神都能传达,皆大欢喜。不好的翻译,就像钝刀切肉一样,来回切了半天,切不下来,还反复地问讲话人原话是什么意思,使人着急,他自己也急得满头大汗。

他最后指出:同学们,五年的时间不算很长,但对你们来说却是非常宝贵的。五年时光一过去,就再也不回来了。古人说"少壮不努力,老大徒伤悲",希望你们少壮多努力,老大不伤悲。

(摘自蒋洪斌著:《陈毅传》,上海人民出版社 1992 年版,有改动)

二、构建合理有效的知识结构

(一) 金字塔型知识结构

金字塔型知识结构又称宝塔型知识结构,当前,我国高等院校的专业知识体系基本根据金字塔型知识结构进行构建:底层宽阔的塔基是广博的基本文化理论、专业基础知识,这部分要求学生要牢固掌握;中间较大的塔身是进阶的专业基础知识,体现专业特色;顶

课程视频

金字塔型
知识结构

层较小的塔尖是面向专业发展前沿的高、精、尖知识。

不同的职业、不同的岗位对塔基、塔身和塔尖的知识比例要求不同。例如，研究人员需要在顶端有一定的突破，从而拔高金字塔的高度。①

以计算机领域为例，计算机基础知识包括操作系统、计算机原理、数据结构和算法等，这些形成了金字塔的塔基，上层则分为网络和安全、软件开发和数据库等多个方向，每个方向可再细分出相关领域的知识结构。这种金字塔型知识结构体现了从计算机基础知识到具体应用的逐渐深入，便于学习者沉淀知识和查找知识，进而夯实知识体系。

金字塔型知识结构的优点主要有以下四个方面。

（1）层次分明。金字塔型知识结构按照从基础到专业的逻辑，层层递进，使得各层次知识之间的关联清晰明了，方便学习者理解和掌握。

（2）重点突出。金字塔型知识结构强调基础知识的扎实，专业知识的精深，以及学科前沿知识的创新性。这种结构使得学习者能够将所具备的知识集中于主攻目标，有利于迅速触及学科前沿。

（3）适应性强。金字塔型知识结构是一种通用的知识结构，适用于各个领域和行业。这种结构可以帮助我们在不断变化的社会环境中适应和应对各种挑战，并不断完善自身的知识结构。由于金字塔型知识结构强调知识的系统性和完整性，因此学习者能够更加全面地掌握知识和技能。同时，这种结构也方便学校和企业在培养人才时制订更科学合理的计划和方案。

（4）创新性强。金字塔型知识结构鼓励学习者不断深入探索学科前沿知识，推动知识创新和发展。这种结构有助于培养人的创新意识和能力，从而为未来的科技创新和社会进步做出更大的贡献。

（二）蛛网型知识结构

蛛网型知识结构的特点是以专业（或就业）方向目标为蛛网中心点，将其他

---

① 陆芳,刘广,詹宏基,等. 数字化学习[M]. 广州:华南理工大学出版社,2018.

与之相近或相关的知识作为衔接点相互联结，形成一个相对完整、有较强适应性并且可以在较大范围内灵活联动的知识网络，它由里及外，从点到面，就像一张蜘蛛网向四周延伸。

这一结构将专业方向、目标置于网络中心，注重发挥与专业相关的系统知识的辅助作用，从相关领域吸取营养，从而在运用知识时充分发挥整体知识的协调作用。此种知识结构具有综合性、广泛性、层次性、开放性和动态性，呈现了小核心与大外围的结构关系。这种知识结构能很好地体现广度与深度的统一，尤其是其弹性和应变能力能使学习者受到就业市场的青睐。

（三）帷幕型知识结构

帷幕型知识结构由法国管理专家亨利·法约尔提出，他对知识、能力、素质与高素质人才成长模式进行研究后，提出个体知识结构与组织整体知识结构的有机结合。对一个企业而言，除了需要专业知识，还要不断根据新的行业动态构建技术、管理、财政、商业、会计和安全等知识。由于工作岗位不同、职责范围不同，员工对上述六类知识的依赖程度不同，所要求的知识比重也不同。越是基层，需要硬科学的比例越大；越是高层，需要软科学的比例越大，就像一个逐渐拉开的帷幕。

承担不同工作任务的成员，依据自身在组织里的分工和所处的层次，对知识结构存在着不同需求。比如在食品加工厂一线工人的知识结构中，技术性、操作类的知识应该占最大比重，管理人员则更需要掌握沟通管理知识。因此，在择业就业时，不但要注意目标职业类型和岗位对求职者知识结构的总体要求，还要知晓该岗位在用人单位中的定位，据此来调整和更新自己的知识体系，提高就业后的工作能力。比如，不管是文科生还是理科生，都可以选修心理学和管理学课程，在"专才"基础上增强"通才"意识，提高日后对工作的适应性。

（四）飞机型知识结构

飞机型知识结构由我国企业管理人员翟新华提出，他认为优秀的企业管理人员的知识结构应该像飞机结构一样,由机首、机身、机尾及两翼四部分组成。机首是指宏观理论的主导作用,机尾是指微观理论的平衡作用,机身是指宏观与微观理论同实践结合的经验的稳固作用。以经济管理专业的知识结构为例,他认为应由以下四个部分组成:机首是宏观经济理论,包括政治经济学、经济管理概论、财政学、商业学、银行货币学知识等;机身是丰富的宏观经济和微观经济的实践经验;机尾是微观经济论,包括计划管理、生产管理、物资管理、技术管理等;两翼是外语及数学。如果将这一结构进行拓展和演绎,就不难发现专业基础知识因为拥有必备的基础理论知识成为机首,机尾是专业知识,机身是实践经验,只有使机首、机身、机尾这三部分有机地结合起来,再以外语和数学为双翼,这样的"飞机"才能高速、平稳地飞行。

总之,不同的职业领域适用不同的知识结构类型,选择合适的知识结构对于学习知识和应用效果十分重要。

三、职业知识素养的提升途径

知识是不断发展更新的,如果仅以学校教授的知识作为全部存量,是远远不够的。我们必须不断提升职业知识素养来应对工作挑战,提高工作效率和质量。下面简单介绍如何更好地提升职业知识素养。

(一)学习与积累

1. 不断学习新知识

随着科技的发展和社会的进步,许多新领域正在涌现,我们需要不断学习新知识以适应这些变化,可以通过阅读书籍、浏览数据库、参加培训、听讲座等方式来获取新知识。尤其是互联网技术的进步打破了时空的限制,使得开放性学习资源更易获取,如图书馆的数据库资源、著名大学的在线开放课程等都是学习新知识的重要渠道。

拓 展 阅 读

国内常见的在线学习平台

① 网易云课堂(https://study.163.com/)

② 中国大学 MOOC(https://www.icourse163.org/)

③ 学堂在线(http://www.xuetangx.com/)

④ 爱课程(http://www.icourses.cn/)

⑤ 超星慕课(http://mooc1.chaoxing.com/)

⑥ 智慧树(http://www.zhihuishu.com/)

⑦ 人卫慕课(http://www.pmphmooc.com/)

⑧ 华文慕课(http://www.chinesemooc.org/)

⑨ 好大学在线(http://180.76.151.202/home/index.mooc)

⑩ 优课联盟(http://www.uooc.net.cn/league/union)

2. 积累经验

王阳明在《传习录》中提出"知者行之始,行者知之成",实践中积累经验非常重要,大学生们可以通过参与项目、解决实际工作问题等方式来积累经验,及时记录并将其整理成文。在校期间可与老师和同学一起参加各类专业实践和竞赛,将理论知识在模拟情景中预先演练。入职后,主动与同事一起完成各种项目,积累经验,学习新观念、新知识。

3. 关注行业动态

了解行业的新动态可以帮助大家及时掌握新信息,从而更好地把握职业生涯发展方向和行业变化趋势。有一些方法可以帮助大家获取行业动态,例如关注传统媒体或新媒体中有关本行业的最新报道;关注行业协会网站或者期刊的最新动态;借助行业监测类的第三方报告或数据汇集平台,如"镝数聚"网、"巨量算数"等。借助对行业动态的了解,与时俱进、学习前沿知识,为自己的未来蓄能。

拓 展 阅 读

美国国家研究委员会的一项调查发现,半数以上的劳动技能在短短的3—5年内就会因为跟不上时代的发展而变得无用,而以前这种技能折旧的期限则长达7—14年。目前职业的半衰期亦越来越快,现有高薪者若不主动学习,不出5年就会滑落至低薪者行列。

就业竞争激烈是知识折旧的重要原因。据统计,25周岁以下的就业人员,职业更新周期是平均每人一年又四个月。比如,当十分之一的人拥有电脑初级证书时,拥有证书者的优势明显,而十分之九的人拥有证书时,那么原先持有证书者的竞争优势便消失了。未来只有两类人:一类是许多工作邀约在等他选择的人,另一种是得不到工作邀约的人。在风起云涌的职场中,能力超强、思维活跃的新员工或有丰富经验的业内资深员工不断地涌进你目前所在的企业或行业,你每天都跟数百万人在竞争,因此你得要不断提升自我价值,增加与他人的竞争优势,学习各类新知识,并在行业中学到新技能。

(摘自龚俊恒编著:《德鲁克全书》,汕头大学出版社2016年版,有改动)

【思考】如何在风云变幻的就业市场保持自己的竞争优势?

(二) 分类与归纳

1. 分类整理

将所学内容按照不同的类别进行整理,有利于形成系统性的知识结构,可以根据专业领域、技能类型等不同的分类方式,进行分类整理。

知识链接

思维导图法

2. 归纳总结

将所学内容进行归纳总结,有助于更好地理解和掌握知识点。总结是对接收到的新信息、新知识进行二次加工、重复咀嚼的过程。例如,以某一技能的核心要点作为关键线索整理笔记,或者利用思维导图总结出某一领域的发展脉络等。这样做既可以深化理解,也可以加深记忆。

拓 展 阅 读

提高自己的归纳总结能力

在职场激烈的竞争角逐中,每一个人都在努力拼搏奋斗,但每个人发展的程度却各不相同。甚至有些才智天赋、努力程度、家庭背景相似的职场人,在几年或者十几年后却获得了截然不同的发展。

有些人已经成为某个领域的专家,而有些人却仍然在基层摸爬滚打。为什么会出现这样的结果? 是命运的推动还是另有玄机? 其实,是一种常常被人们忽视的能力,让相似的人走向不同的人生,那就是归纳总结的能力。

职场是社会化的竞技场,职场能力的提升并不取决于是否多看了几本书,多听过几节课。而在于是否能将自己通过各种途径吸收到的知识、技术运用在实践中,并且在实践后对所学、所做、所思的内容进行总结,从而获得成长和提升。这样,才能循序渐进地获得更多的进步和更快的发展。

悉心观察后你会发现,那些优秀的职场人,可能并不是做事情最多的人,但他们一定都是学习能力强、成长较快的人。因为他们能够在完成每一项工作后进行反思归纳总结,对每一项工作的本质进行抽象深入的理解和思考。

归纳总结的能力不仅在职场个人能力的提升上起到至关重要的作用,同时在沟通中也扮演着重要的角色,归纳总结的能力直接决定着沟通的效率和质量。

一些优秀的职场人都有着这样的特质:他们能够侃侃而谈,对自己的思路和想法都有着很强的归纳总结能力;在沟通表达时,逻辑清晰,思维缜密,感染力极强。他们常常在职场中担任着领导、管理者等重要角色。相反,归纳总结能力差的人,则会在职场发展中举步维艰。

首先,缺少了归纳总结能力,当你想表达自己的观点时,别人听不懂,听不懂的结果就是不再给你表达的机会。对职场人来说,失去机会,就是失去职位的晋升和薪酬的提升。我曾参加过一个活动,一位观众向我提问时,述说了近 5 分钟,也没有说清楚自己究竟想要问什么。而这种情况如果发生在公司,领导可能不会再给这样的人表达的机会,甚至有可能会淘汰他。

其次,如果缺少归纳总结能力,你就不会发现问题的根源在哪里,找不到问题的根源,就无法解决问题。每个人立身职场的能力,本质上就是解决问题的能力。

最后,缺少归纳总结能力,在和领导、同事或客户沟通时会出现裂缝,失去职场发展机会,甚至稍有不慎就有可能被迫离职。所有的客户都会以挑剔的目光寻找更优秀的合作者。要想打动客户,除了要具备真诚、靠谱、专业的特质之外,还需要你有较强的归纳总结能力。

(摘自王付有著:《造极:重新定义"一技之长"》,中国工人出版社 2020 年版,有改动)

(三) 交流与分享

1. 参加知识型社群活动

社群是成员因有着共同的社交属性,如相同的兴趣爱好、一致的价值观等而聚集在一起。知识型社群,狭义上是指企业组织内的员工自动自发组成知识分享和学习的团体,依靠人与人之间学习的兴趣和交流的需求凝聚在一起,而不是正式的工作职责或任务。知识型社群能促进企业组织内部隐性知识的传递和知识的创新,激发员工知识经验的分享和学习能力的提升,形成组织最宝贵的人力资产。广义的知识型社群,不限于企业组织内部,通常是指在网络中,个体出于学习兴趣,为了获取和分享知识而聚合的群体。从本质上说,知识型社群是兴趣型社群的一种。例如,"知乎"就是典型的知识型社群,通过网友问答和知识分享为其中的用户源源不断地提供高质量的信息。

2. 分享经验与观点

将自己的经验和观点分享给他人,有助于更好地理解自己所学的内容,并得到他人的反馈和建议,促使自己的知识得到增值。

知识链接

头脑风暴法

(四) 系统与创新

1. 系统性思考

系统性思考是指将问题或事物看作一个系统,从整体上把握其内在联系,克服片面思维,形成全面、深入和联动的思维方式。就像玩魔方,若每次只盯着一个面去调整,是不可能将其六个面还原的,必须多面观察,统筹兼顾。在日常学习和解决问题时,不能只着眼某一个角度去思考,必须养成深入思考、动态思考以及全面思考的习惯。

拓 展 阅 读

系统性思考与"红崖天书"的破译

在一次学术研究会上,上海江南造船集团高级工程师林国恩发布了对"红崖天书"的全新诠释。学术界的专家普遍认为,林国恩对这一"千古之谜"的解释,与其历史背景、文字结构、图像寓意相吻合,具有可信度和说服力。

贵州省安顺市一处崖壁上有古代碑文,被称为"红崖天书"。为什么叫"红崖天书"呢?原来是在一块长10米、高6米的岩石上,有很多奇怪的文字。这些文字是用红色颜料书写的。文字的大小是不一样的,有的大,有的小;形状也是不同的,有的如凿,有的似篆,令人很难懂,所以当地的人都感到特别神秘,于是将其称为"红崖天书"。多年以来,它引起了众多的讨论,但始终没有一个为所有人所接受的定论。

那么,非科班出身的林国恩是如何破译这个"千古之谜"的呢?1990年了解"红崖天书"以后,林国恩对它产生了浓厚的兴趣,从此把他的全部业余时间放到了破译工作上。由于祖上三代中医,林国恩自幼即背诵古文,熟读四书五经。虽然于1965年他考入上海交通大学学习造船专业,但是业余时他还钻研文史、学习绘画。由于他是造船工程师,系统学习对他有很深的影响,他掌握了综合看待问题的方法,这为他破译"红崖天书"打下了坚实的基础。

在长达9年的研究当中,他综合考察了各个因素,查阅了7部字典,把"红崖天书"中50多个字,从古到今的演变过程查得清清楚楚。在此基础上,他做了数万字的笔记,写下了几十万字的心得,还三次去贵州实地考察,为破译"红崖天书"积累了丰富的资料。

经过系统综合的考证,林国恩确认了清代瞿鸿锡摹本为真迹摹本;文字为汉字系统;全文应自右向左直排阅读;全文图文并茂,一字一图,局部如此,整体亦如此。从内容分析,"红崖天书"成文约在1406年,是明朝初年建文帝所颁发的一道讨伐燕王朱棣篡位的"伐燕诏檄"。全文直译为:"燕反之心,迫朕逊国。叛逆残忍,金川门破。杀戮尸横,罄竹难书,大明日月无光,成囚杀之地。需降服燕魔,作阶下囚。……"林国恩对"红崖天书"的破译离不开他优秀的系统性思考能力。

(摘自田勇编著:《开发内心的潜能》,敦煌文艺出版社2014年版,有删改)

这里介绍一种较为典型的系统思维方法——5 why分析法,又称"为什么—为什么"分析,是一种系统探索问题成因的方法。对一个问题连续发问5次(次数可多可少,根据不同情况而定),每一个原因都要紧跟着另一个"为什么"来追问,直到问题的根源被确定下来,并得到解决。

拓展阅读

瞄准靶点的 5 why 分析

杰斐逊纪念堂坐落于华盛顿,是为了纪念美国第三任总统托马斯·杰斐逊。年深日久,纪念堂墙面出现了裂纹,斑驳陈旧,政府非常担心,派专家调查原因。专家迅速集结,最初调查认为墙面遭受侵蚀是酸雨导致的,可随着进一步研究,发现最直接的原因并不是酸雨,居然是每天冲洗墙壁所使用的清洁剂! 如何避免这一情况呢?

专家们并不是没有头绪地开展工作,他们首先要确定问题的根源,才能有的放矢地解决问题。于是,他们给出了一连串的提问,并对这些问题进行回答,如下:

问1:为什么纪念堂表面斑驳陈旧?

答:专家发现冲洗墙壁所用的清洁剂对建筑物有腐蚀作用,该纪念堂墙壁每年被冲洗的次数远多于其他建筑,腐蚀自然更加严重。

问2:为什么经常清洗呢?

答:因为纪念堂被大量的燕粪弄得很脏。

问3:为什么会有那么多的燕粪呢?

答:因为燕子喜欢聚集到这里。

问4:为什么燕子喜欢聚集到这里?

答:是因为建筑物上有它喜欢吃的蜘蛛。

问5:为什么会有蜘蛛?

答:蜘蛛爱在这里安巢,是因为墙上有大量它爱吃的飞虫。

问6:为什么墙上飞虫繁殖得这样快?

答:因为尘埃在从窗外射进来的强光作用下,形成了刺激飞虫生长的温床。

问到这里,问题的根本原因也就水落石出了,而解决问题的方法竟然如此简单,那就是拉上窗帘。

(摘自卢卓元主编:《结构化写作:让表达快、准、好的秘密》,北京理工大学出版社2019年版)

2. 逻辑性思考

逻辑性思考是指按照逻辑的规则和原则,通过推理和分析来得出结论的思考过程,也是用以确保思考和决策合理、有条理且基于事实的一种思维方式。

知识链接

六项思考帽

逻辑性思考的核心在于提出主张并进行论证，也就是先提出一个观点或主张，然后用事实、证据或理由来支持这个观点，使后续的决策和行动是基于充分思考的，而不是仅凭个人主观判断或一时情绪。举个简单的例子，假设你正在考虑是否要购买一辆新能源车，首先提出一个主张——"我应该购买新能源车"，然后用逻辑性思考来进行论证，比如考虑新能源车的环保性、节能性、使用成本等因素，并对比传统燃油车的优缺点、实际使用场景和驾驶者偏好等，通过搜集和评估这些信息，对现实产生更清晰的认识，做出更合理的决策。

3. 创新性思考

创新性思考是个人在已有理论知识和实践经验的基础上，以新颖独特的方法从某些事实上寻找新关系、提出新问题、找出新答案或造出新产品的思考过程。创新性思考的特征有：敏锐性、层次性、整合性、灵活性、求异性。运用创造性思考方法，如"六项思考帽"等，开拓视野、拓展想象力，有利于打破思维定式，发现新问题、新机会，并提出创新性解决方案。

拓 展 阅 读

毛毛虫现象

有一种奇怪的虫子，叫列队毛毛虫。顾名思义，这种毛毛虫喜欢列成一个队伍行走。最前面的一只负责方向，后面的只管跟从。生物学家法布尔曾利用列队毛毛虫做过一个有趣的实验：把许多毛毛虫放在一个花盆的边缘上，首尾相连，围成一圈，并在花盆周围不远处撒了一些毛毛虫比较爱吃的食物。毛毛虫开始一个跟着一个，绕着花盆的边缘一圈圈地走，一小时过去了，一天过去了，又一天过去了，这些毛毛虫还是夜以继日地绕着花盆的边缘在转圈，一连走了七天七夜，它们最终因为饥饿和精疲力竭而相继死去。

法布尔曾设想：列队毛毛虫会很快厌倦这种毫无意义的绕圈，而转向它们比较爱吃的食物，遗憾的是它们并没有这样做。

导致这种悲剧的原因就在于列队毛毛虫的盲从性，它们总习惯于固守原有的本能、习惯、先例和经验。它们付出了生命，但没有任何成果。如果有一只毛毛虫能够破除尾随的习惯而转向去觅食,就完全可以避免悲剧的发生。人的思维也一样,人一旦形成了思维定式,就会习惯顺着定式的思维思考问题。所以没有创新,就等于死亡。我们一定要努力培养创新意识。

(摘自任晓剑、姚树欣主编:《大学生职业规划与创新教育》,国家行政学院出版社 2017 年版,有改动)

小硬币和大富翁

默巴克出身贫寒,他在 19 岁时进入大学,没有条件像富家子弟那样悠闲自在,不得不利用课余时间四处奔波,赚取微薄的收入,缴纳学费,维持生计。默巴克主动向校方提出勤工俭学,包揽学生公寓的卫生打扫工作,他非常珍惜这份工作,干活一丝不苟。

打扫公寓时,默巴克经常在墙脚和床铺下面清扫出一些硬币来,他都会主动问同学们谁丢了钱。但同学们并不理会他,他们要么不屑一顾,要么就是懒洋洋地告诉他:"不就是几枚破硬币吗?你不嫌弃就拿去好了。"虽然他们语带讥讽,但默巴克并不尴尬,在同学们异样目光的注视下,他默默捡起了一枚枚带着灰尘的硬币。

第一个月下来,默巴克把捡到的硬币进行清点,连他自己也感到吃惊:竟有 500 美元之多!这令他喜出望外,这些白白捡来的硬币,不仅解决了学费的燃眉之急,而且还让他的生活质量大为改善。

这份额外收入让默巴克突发奇想,他决定把人们不重视硬币的事情反映给国家有关部门。他分别给国家银行和财政部写了信,建议上述部门应该关注小额硬币被白白扔掉的情况。财政部很快回了信,财政部的工作人员告诉这位贫困的大学生:"正如你反映的那样,国家每年有 310 亿美元的硬币在市场上流通,却有 105 亿美元被人随手扔在墙脚和别的地方,虽然多次呼吁人们爱惜硬币,但收效甚微,我们对此也无能为力。"这样的答复不免让默巴克沮丧,但同时他从中看到了潜在的巨大商机。从此,他便用心收集关于硬币方面的资料。他从资料中得知,一般硬币的寿命可达 30 年,而这些硬币常散落于各家各户的墙脚、沙发缝、床底下和抽屉等角落。

默巴克决心从中打开缺口,开创事业。1991 年,默巴克大学毕业,他不像其他同学那样奔波求职,而是针对人们日益增长的换取硬币的需求,成立了一个"硬币之星"公司,并购买了自动换币机,安装在附近的各大超市中。顾客每兑换 100 美元硬币,他会收取 9% 的手续费,所得利润与超市按比例分成。

开业伊始,默巴克"硬币之星"公司的生意便异常火爆,他不仅赚取了丰厚利润,也大大方便了超市和顾客,赢得了人们的普遍欢迎。默巴克继续扩大公司的业务,把"硬币之星"推向全美,获得巨大成功。1996 年,公司开张仅仅不到 5 年时间,"硬币之星"公司便在全美设立了 11 800 多个自动换币机连锁店。又过了两年,当年那个被人们讥讽为穷小子的默巴克,摇身一变成了亿万富翁,

"硬币之星"也成为纳斯达克的上市公司。

（摘自李丹编著：《每天 5 分钟，做卓越的管理者》，北京工业大学出版社 2014 年版，有改动）

一枚硬币能做什么呢？我们常常会忽视这样的小细节。但是默巴克抓住了它，并对此进行创新性的思考，从中发现了新的商机，获得了巨大成功。所以，平时要重视对自己创新性思维的培养，多观察多思考，也许下一位成功者就是你。

（五）反思与调整

1. 定期反思

要定期对自己所学内容进行反思和回顾，找出不足并进行改进。比如每月绘制一份计划图，月末时统计计划图里哪些任务完成了，哪些任务没有完成，从而对自己的学习过程有动态的把握。

知识链接

反思的重要性

2. 及时调整

要根据工作需要和个人情况及时调整自己的学习计划和知识结构，确保自己始终处于适应工作的状态。例如，几年前短视频还没有现在这么火，但现在如果不懂得运用短视频，在对外宣传上就可能处于劣势。现代科学技术发展迅猛，知识量成倍增加，单纯地掌握专业知识是难以适应时代需求的。因此，多学习一些新知识，多充实自己，才能更好地适应社会的发展。此外，我们还要根据自己的目标来调整知识结构。随着兴趣爱好、物质需求、精神需求以及客观条件的变化，我们的目标也会发生变化，及时调整自己的知识结构就显得尤为重要。例如，你现在是一名普通员工，平时很少跟别人交流，也不用学习演讲技能。但是，当你升职为公司的领导时，为了满足商家和合作伙伴的需求，就需要学习并掌握演讲技能。

总之，构建合理的知识结构，需要做到不断学习、分类整理、交流分享、创新思维和反思调整，这样才能更好地应对职场挑战，并取得更大的发展。

【训练任务】

任务一 分析求职信

请阅读下面这封求职信：

"我深知，当今社会对人才素质的要求越来越高，而机械这门学科，是一个庞杂的系统学科，它与计算机和电子有着密不可分的关系，而且机械更需要实践和动手的技能。所以，我除了在学习上狠下功夫外，还自学了有关电子和计算机方面的很多知识。在计算机方面，除了精通几种常用办公软件外，还能熟练运用C语言进行编程，以及运用相关软件进行机械绘图。在英语方面，具有一定的听、说、读、写和译的能力，能完成有关机械的专业文献翻译。此外，对心理学也有浓厚的兴趣，广泛阅读了阿德勒等人的著作。"

请回答以下两个问题：

（1）信中体现了求职者具备哪些职业知识素养？

（2）根据你自身知识的掌握情况，填写下面的"我的知识卡"。

表2-1 "我的知识卡"

知识类型	我掌握的	我还没有掌握的
政治知识		
专业知识		
文化基础知识		
工具性知识		

任务二 案例讨论

老胡是小松很尊敬的前辈，看着老胡书房里满满两个书架的书，小松感叹：怎样才能像老胡一样，看那么多书，拥有那么多知识？老胡纠正了小松的看法：看过书不等于拥有知识，一千个读者有一千个哈姆雷特，学习者需要对知识进行管理,建立自己的知识体系,学以致用,才可以发挥知识的价值。看着小松似懂非懂的眼神,老胡继续说道:"简单来说,学习由'学'和'习'两个字构成,学是了解,习是实践,学习是一个从了解到实践的过程。了解的知识越多,就越要有意识地进行分类和整理,再通过思考和实践对知识的结构进行调整,从而更好地指导实践。比如营销知识和摄影知识,在初期分开学习会更系统,当知识和实践两方面积累得足够多时,就会发现两者有很多共同之处,比如都需要充满好奇心和观察力,都需要了解社会和人性,以及基本的实际操作技能。当然,学习的方法有很多。有的人喜欢读书,其理论知识丰富;有的人热衷于实践,其实践经验丰富;也有的人喜欢用自己的方式去了解世界,这同样可以积累知识与技能。"

听了老胡的一席话,小松深深感受到自己习得的知识、积累的工作经验有限,未来还有很多需要学习的领域,是很有必要提前做些准备的。

请回答以下两个问题:

(1)老胡的核心观点是什么?

(2)反思自己的学习经历和生活经验,找出自己知识结构中存在的问题,并制定相应的解决方案。

任务三　掌握获取信息的方法

学校图书馆现有方正电子图书、超星电子图书等(本校镜像)96万多册,电子专业期刊2万多种。有15个网络数据库,包括中国知网数据库、维普学术期刊数据库、EBSCO外文数据库、中科VIPExam考试学习数据库、软件通计算机网络视频学习系统、国家标准及行业标准数据库、新东方多媒体资源库、超星电子图书、方正Apabi教学教参电子书、博看人文畅销期刊数据库、畅想之星随书光盘数据库、中文在线电子书;还有自建的扬州工艺美术专题特色数据库,包含3万多张媒体光盘资源,构成了工、文、经、艺、农、林、医等学科门类齐全、具有一定规模的文献信息资源体系。

教师示范数据库的用法,并向学生讲授从数据库中获取信息的方法。请学生上台展示如何在中国知网使用特定关键词进行高级搜索和有效下载。

任务四　知识学习计划

结合专业,谈谈你在大学期间的知识学习计划。

任务五　组织头脑风暴讨论

请以 4—6 人为一组,每组自选一个主题,参考书上知识链接中"头脑风暴法"介绍的内容,组织一场头脑风暴讨论。

项目三

职业能力素养

【引言】

要深入学习贯彻习近平总书记关于技能人才工作重要指示精神,聚焦加强职业技能培训促进就业能力和加快培养高技能人才工作目标,进一步推动职业能力建设工作改革发展。

——全国职业能力建设工作电视电话会议

【案例导入】

"我从高职毕业,当了清华老师"

陕西姑娘邢小颖高职毕业后,以专业排名第一的成绩,在清华大学担任实践教学指导老师。今年29岁的她,已在清华任教9年。此前,她的讲课视频在网上播放量过亿。火出圈的她,引来更多关注,有人赞叹她"太优秀",也有人质疑:"高职生教清华学生,你真的行吗?"

2013年11月,以实习老师的身份踏进清华校园时,来自陕西渭南的邢小颖只有19岁。"我和同学们坐了12个小时的绿皮火车,第一次来到北京。"那时还是高职生的她,面对与自己年龄差不多的清华学生,心里是忐忑的。"万一他们问问题,我答不上来怎么办?"

提起那段时光,邢小颖记忆犹新:"压力很大,我讲不好就在厂房里哭,哭完再继续讲。常常结束就是深夜了,看着清华校园的点点灯光,我就想我的路该往哪走啊。"她横下心,心思全放在备课上。空闲时去蹭课,看有经验的老师傅如何讲;下班后,她就去空荡荡的老厂房教室,把工具想象成学生,和"他们"互动。第一次独立给学生讲课,邢小颖备课到午夜,迷迷糊糊快睡着时,脑子里还是讲课思路。功夫不负有心人,那节课学生的反馈不错,她顺利迈出了第一步。就这样,扎实度过实习期后,刚刚20岁的邢小颖,以专业综合排名第一的成绩,正式被清华大学聘用为实践指导老师。她激动地给家里打电话,告知这个消息。安顿下来后,她接母亲来看看她工作的校园。"那是我妈妈第一次来清华,她总是叮嘱我,人要有一技之长、真才实学,内心才会充实。"也正是凭借这股不服输的劲,成绩优异、朴实勤奋的邢小颖争取到了去清华大学实习的机会,并通过重重考核顺利入职。

时至今日,邢小颖教过的学生接近 3 万人。但高职生的身份,仍时常为她引来质疑。"有人给我留言,到底是学生教你,还是你教学生?"邢小颖并不急于撕掉"高职生"的标签,"把当下的工作做好",是邢小颖应对挑战与质疑的方式。她的办公桌上放着一本特别的日历,她会写下密密麻麻的待办事项,每完成一项就做个标记。几年来,她坚持今日事今日毕,几乎不拖延。在清华任教 9 年,邢小颖完成了一份份成绩单:完成了专升本考试;考取热加工工艺方面的教师资格证;连续八年获评清华大学基础工业训练中心实践教学特等奖和一等奖。今年 4 月,她还获评清华大学优秀实验技术人员。邢小颖所在的团队,将铸造课打磨成了全国"王牌课程",还不断进行创新。他们根据最新的技术和学生的反馈,开设了个性化首饰设计及制作等课程,让设计理念与设计实践更密切地结合起来。在清华,除了工科学生必修的金属加工工艺实习外,还设有面向全校本科生的选修课,会将铸造、3D 打印技术、虚拟仿真技术等融合到实践教学中。"我们在实践课程中通过实际操作,让学生直观地学习到新时代'大国工匠'精神。"热烈又朴实的课堂氛围,让邢小颖的课火出了清华。就连参与跨校选课的北大学子都直呼"一课难求",一名学生说:"我是大四才抢到小颖老师的课。"

(摘自清华大学微信公众号,有改动)

职业教育和普通教育是两种不同的教育类型,地位同等重要,职业教育与普通教育没有高低贵贱之分,是培养不同类型人才的两种教育模式,只要认真钻研,努力提高技术技能,接受职业教育的学生在能力与素质上可以与受过普通教育的学生一样有所作为。

　　我国高等教育实行扩招以来,入学率持续上升,基本实现了精英教育向大众教育的跨越。应届毕业生人数的增长加上国际金融危机、房地产经济和互联网经济的过度扩张等诸多因素使得高职学生就业形势越发严峻。这除了与我国高等教育正处于普及化发展时期、经济全球化与科学技术进步加快等时代因素有关外,还与高等教育就业供求不对称导致的结构性求职困难等因素密切相关。同时,高职学生职业技术不济、职业能力不足、就业准备不够等各种因素相互作用也是造成就业难的重要因素。因此,高职学生努力提升自身的职业能力是解决问题的根本办法,高职教育主要是为生产、建设、服务、管理第一线培养高素质技能人才,其人才培养具有明显的职业性、应用性、实践性等特征,这就要求学生必须具备与职业活动任务相关的能力,凡与职业活动任务密切相关的"能力",都可看作职业能力。

一、职业能力素养概述

(一) 职业能力的概念和内涵

课程视频

职业能力

　　不同国家、不同地区、不同部门机构和不同学者因为观察和分析的视角不同,对职业能力的理解呈现出多样化的认识。对当代高职学生而言,职业能力不仅体现在毕业后是否能够顺利获得一份工作,还体现在获取该工作后的满意程度以及用人单位对其职业能力的认可及肯定程度。虽然社会对职业能力的界定不同,但基本共识为职业能力是指个体将所学的知识、技能和态度在特定的职业活动或情境中进行优化迁移与整合所形成的能完成一定职业任务的能力,简单来说就是职业角色从事一定工作岗位所需能力的综合。

　　职业能力不像知识那样可以依靠书面传递,必须通过参与特定的职业活动或模拟相应的职业情境,将已有的知识、技能进行实践,使相关的一般能力得到特殊的整合和发展以形成较为稳定的综合能力。对于高职学生来讲,职业能力可以理解为在校期间通过学习知识、提升能力和开发综合素质而获得的,能够实现就业目标、满足社会需求以及在职业活动中实现自身价值的本领。

目前，以职业能力为基础已成为国内外职业教育界的共识和职业教育的指导思想，与普通高校相比，高等职业教育是以培养面向生产、服务管理第一线的应用型人才为基本目标的教育，因此职业教育意义下的职业能力主要体现在与职业活动的相关性上，直接对应的是与社会生产、技术操作和管理服务密切相关的职业，这些职业对从业人员的要求是能够胜任一定岗位工作与要求，并能提高职业活动的效率且具有较强的动手能力。

（二）职业能力的分类及其关系

知识链接

职业能力的
评价考核

职业能力是许多用人单位招聘时十分重视的内容，也是很多机构和学者持续关注的热点。要提高自己的职业能力，首先应当了解职业能力。职业能力是多种能力的综合，缺失其中任何一种要素，都将导致职业活动难以完成。一般而言，依据行业、企业的用人标准，我们把职业能力划分为专业能力（强调应用性、针对性）、方法能力（强调合理性、逻辑性、创新性）和社会能力（强调对社会的适应性、积极性）。

1. 专业能力

专业能力主要是指职业业务范围内的能力，是在特定方法引导下，有目的地、合理地利用专业知识和技能独立解决问题并评价成果的能力，这是需要经过专门的教育或培训才能获得的能力。专业能力是建立在拥有与该专业相关的理论知识的基础上，经过大量的实践活动锻炼出来的，与职业岗位活动相匹配的能力。它主要包括与岗位工作相关的知识、相关的工作流程掌握程度，以及新材料、新设备、新工艺、新技术的应用与推广能力等，是劳动者胜任职业工作、赖以生存的核心本领。它不仅指某一专业的知识与技能，也包括多种专业综合的知识和技能；不仅是工具性的，也是对敬业精神层面的理解。大学教育是培养专业知识技能、形成专业能力的重要阶段，比尔·盖茨"优秀员工十大准则"中也强调要培养员工具有远见卓识，不断提高他们的专业知识技能和专业能力。

求职时,用人单位最关注的就是求职者是否具备胜任岗位工作的专业能力。比如你去应聘文秘岗位,对方最看重你是否具备基本文书事务处理能力;你去应聘教学岗位,对方最看重你是否具备基本教学能力。在职业教育中,学生主要通过学习某个职业或专业的专业知识、技能、行为方式和态度而获得相应的专业能力。

2. 方法能力

方法能力是个体职业能力中的基本能力,是个体对职业发展机遇、要求和限制进行思考和分析的能力,是从业者在职业岗位中不断获取新知识、新技能的重要手段。在职业能力的三种类型中,方法能力是发展的源泉,它需要逻辑性、科学性和合理性,是个体在职业生涯中不断获取新信息、新知识、新技能和掌握新方法的重要手段,是高素质人才的重要标志。

3. 社会能力

与其他两种能力相比,社会能力既是基本生存能力,又是基本发展能力。社会能力主要是指一个人的团队协作能力、人际交往能力等,是个体经历与建构社会关系、感受和理解他人并与他人相处的能力,具体包括道德意识、社会责任感、合作交流能力、劳动组织能力和心理适应能力等。对社会能力而言,首要的是具有积极的人生态度和对社会的适应性及行为的规范性,是个体价值观和人生态度的综合。它是劳动者在职业活动中,特别是在一个开明开放且与外界联系的社会生活中必须具备的一种能力。

4. 三种能力之间的关系

职业能力由专业能力、方法能力和社会能力三部分组成,其中专业能力要求从业者具备经济意识、安全意识、质量意识等;方法能力则强调从业者的逻辑与抽象思维、获得信息的能力、分析与解决问题的手段及创造力等;社会能力主要包括沟通协调、团队合作、社会责任感、自信心、工作积极性等方面。其中,专业能力、方法能力和社会能力具有显著的层次性,专业能力是基础,方法能力处于中间层次,社会能力属于最高层次。随着人才观的不断发展,社会对人才的要求从重学历到重能力、重职业道德和个人价值观,职业能力和职业道德、个人价值观成为人才选择和培养的重要标准。简单来说,专业能力帮助个体入职,方法能力和社会能力促进个体发展,这两者也是个体职业生涯发展的核心要素。

(三) 职业能力与职业的匹配

职业能力是职业活动中不可缺少的能力,是劳动者在各种职业活动中都要具备的基本能力,是胜任职务、完成工作的重要条件。不同的职业需要不同的能力,比如教师需要语言表达能力,财务人员需要计算能力,秘书需要文书写作能力,运动员和舞蹈演员需要肢体协调能力……不同的职业能力适宜不同的职业,见表3-1。

表3-1　职业能力类型与职业适宜性对照

职业能力类型	特点	适宜的职业类型
操作型职业能力	以操作能力为主; 运用专业知识或经验,掌握特定技术或工艺,并形成相应的职业技能与技巧的能力	驾驶、种植、操纵机床、控制仪表等
艺术型职业能力	以想象能力为核心; 运用艺术手段来再现现实生活的塑造某种艺术形象的能力	写作、绘画、演艺、设计等
教育型职业能力	运用各种教育手段传授知识和思想或组织受教育者进行知识与态度学习的能力	教育、宣传、思想政治工作
科研型职业能力	以人的创造性思维为核心; 通过实验研究、社会调查和资料检索等手段进行新的综合、发明与发现的能力	研究、技术革新与发明、理论研究

续　表

职业能力类型	特点	适宜的职业类型
服务型职业能力	以敏锐的社会知觉能力和人际关系的协调能力为主； 借助人际交往或直接沟通使顾客获得心理满足的能力	商业、旅游业、服务业
经营型或管理型职业能力	以决策能力为核心； 能够广泛地获得信息，并以此独立地做出应变、决策或形成谋略的能力	各类管理层人员
社交型职业能力	以人际关系协同能力为核心； 指深谙人情世故，能够掌握人际吸引规律、善于周旋、协调，且能使对方通力合作的能力	联络、洽谈、调解、采购

一个人的能力与工作岗位要对口，同时要尽量照顾个人的兴趣和爱好，使工作和性格相适应。社交能力强的人，适宜在推销、采购、联络等部门工作；表达能力强的人，适合在宣传、教育、演讲等部门工作；创新能力强的人，适合在研究开发部门；稳定负责的人，适合在财会部门；独立见解强且不易受人笼络的人，适合在检查监督部门；指挥能力强的人，适合在生产部门；等等。

（四）高职学生对职业能力认知的常见误区

高职学生面临就业时往往会有"我学金融我无奈，毕业工作没处去""我学外语我麻烦，求职路上好心烦""我学数学我太菜，工作找得很失败"等想法，这是对职业能力问题的理解存在缺陷和误区的一种现象。

1. 误把职业能力等同于求职能力和获得工作的能力

"做得好不如说得好。"面试是求职应聘的关键环节，不少高职学生受"笔霸""面霸"传奇的求职经历的影响，以为成功就来源于更会笔试和面试，认为只要具备良好的求职应聘技巧,职业能力就很强了,其实这是不全面的。俗话说得好:"台上十分钟,台下十年功。"充分的就业准备是必要的,但经过"包装"及面试策略、技巧训练后谋得了职位,如果没有扎实的职业能力作支撑,后面也很难顺利展开工作。

2. 认为高职学生缺少实践经验,很难具有较强的职业能力

许多用人单位看重求职者的实际工作经验,而高职学生毕竟以学为主,即使在实习阶段,实践经验也很有限,更谈不上职业能力。这就导致学生们在求职中缺乏自信,只能"望洋兴叹"。当然也有用人单位不排斥缺乏工作经验的人,他们在面试中会重点了解求职者的实习实践经历,目的是要了解其内在的工作能力和未来的发展潜力。如果具有快速学习能力、持之以恒的钻研精神以及饱满的工作热情,肯定会比一个只靠经验的人成长和成熟得更快。进行实习实践是提升自身综合能力的好方式,比如在研究机构实践,可以接触最新的科技;在产品部门实践,可以学习开发技术;在市场部门实践,可以学习营销技能等。因此,根据未来的职业规划有目的地进行实习实践,可以有效地锻炼自己,提高职业能力。目前,不少用人单位把运用专业的基本理论和方法来分析问题解决问题的能力、动手能力、学习能力、创新能力等,作为招录高职学生的关键。

3. 认为比别人做得好的能力才算职业能力

有些高职学生认为"学经济我悲剧,毕业工作没处去""学数学我无奈,工作找得很失败"等,这其实是缺乏自信,认为自己没有能力与别人竞争。就业能力是个体为了实现自己的职业发展目标和潜能而应具备的品质和能力,因此求职就是展示对用人单位有吸引力的能力的总和,尤其是突出自己的技能。如果你有很强的人际交往能力,就可以从事行政管理、销售等工作;如果有非常扎实的工作学习能力、勤奋并富有责任感,但人际交往能力欠缺,就可以从事偏专业理论方面的工作。职业能力是一种整体的素质,每个人身上具备很多与职业相关的能力,要充分发挥自己的各项能力,不要妄自菲薄。

高等职业教育是高等教育的一种类型,关乎社会经济发展与民生,承

担着培养高素质技术技能人才的重任。2014 年 6 月,习近平总书记在全国职业教育工作会议上就明确指出,职业教育是国民教育体系和人力资源开发的重要组成部分,是广大青年打开通往成功成才大门的重要途径,肩负着培养多样化人才、传承技术技能、促进就业创业的重要职责,必须高度重视、加快发展。要树立正确人才观,培育和践行社会主义核心价值观,着力提高人才培养质量,弘扬劳动光荣、技能宝贵、创造伟大的时代风尚,营造人人皆可成才、人人尽展其才的良好环境,努力培养数以亿计的高素质劳动者和技术技能人才。时任国务院总理李克强强调,要把提高职业技能和培养职业精神高度融合,不仅要围绕技术进步、生产方式变革、社会公共服务要求和脱贫攻坚需要,培养大批怀有一技之长的劳动者,而且要让受教育者牢固树立敬业守信、精益求精等职业精神,让千千万万拥有较强动手和服务能力的人才进入劳动大军,使"中国制造"更多走向"优质制造""精品制造",使中国服务塑造新优势、迈上新台阶。

【案例拓展】

谁在职场发展得更高?

今年五一节,某医疗设备公司要派 10 个人去青岛参加一个展会。每逢节日,铁路客运就非常紧张,旅游旺地更是如此。4 月 27 号(预售的前一天)一大早,公司老总就让小刘去买车票。过了很久,小刘回来了,说:"网上抢票的人太多了,我没有抢到任何票,包括高铁、动车和各种软卧、硬卧、硬座都卖完了,抱歉!"老总非常生气,将小刘训了一顿,说他真不会办事。小刘感到很是委屈,心想,我辛苦了一早上,的确是没票了,为什么还要怨我?

老总又派小张想办法,小张过了好长一段时间才回来,他的回答是——火车票确实卖完了,我调查了其他一些方法,请老总决策:

可以买中转票,但要在中转站等待,而且每张要多花 100 元,目前中转票有

15 张,可以中途转火车,北京到济南有×趟,出发时间××,到达时间××;济南去青岛有×趟,出发时间××,到达时间××。如果可以坐飞机,××日有×班飞机,时间分别是……如果可以坐汽车,包车费用是×××元;豪华大巴每天有×次,时间分别是……票价××元。

【思考】老总为什么会批评小刘? 如果你是小刘,老总派你去买票,请问你会怎么做?

拓 展 阅 读

中国职工教育和职业培训协会推出 2022 年职业能力建设领域十件大事

一、党的二十大将大国工匠、高技能人才纳入国家战略人才,中共中央办公厅、国务院办公厅印发《关于加强新时代高技能人才队伍建设的意见》,高位推动高技能人才队伍建设能力建设领域。(当前和今后一个时期,职业能力建设工作的核心和主线,就是贯彻落实党的二十大精神和《关于加强新时代高技能人才队伍建设的意见》,坚持人才工作"四个面向",加大力度培养造就更多大国工匠、高技能人才,为中国式现代化提供技能人才支撑。)

二、2022 年 5 月 1 日,新修订的《中华人民共和国职业教育法》正式施行,明确大力发展技工教育。(新修订的职业教育法突出就业导向,首次提出面向市场、促进就业基本原则,明确大力发展技工教育,全面提高产业工人素质。贯彻实施新修订的职业教育法,对于深化全面依法治教,推动职业教育高质量发展,建设教育强国、人力资源强国和技能型社会,促进更加充分更高质量就业、推进社会主义现代化建设具有重要意义。)

三、《中华人民共和国职业分类大典(2022 版)》正式审定颁布。(本次修订适应数字经济发展需要,首次增加"数字职业"标识,共标识数字职业 97 个。同时,沿用 2015 年版国家职业分类大典做法,将环保、低碳、循环特征的职业标识为绿色职业,共标识绿色职业 134 个。对优化人力资源开发管理、促进就业创业、推动国民经济结构调整和产业转型升级,都具有十分重要的意义。)

四、中国代表团参加 2022 世界技能大赛特别赛取得优异成绩,唱响技能成才、技能报国的时代旋律。(我国选手共获得 21 枚金牌、3 枚银牌、4 枚铜牌和 5 个优胜奖,金牌榜、团体总分再次位居世界第一,实现了为国争光的目标。)

五、健全完善新时代技能人才职业技能等级制度,畅通技能人才职业发展通道。(《关于健全完善新时代技能人才职业技能等级制度的意见(试行)》的出台,对于健全技能人才培养、使用、评价、激励制度,畅通技能人才职业发展通道,提高其待遇水平,增强其荣誉感获得感幸福感,吸引更多劳动者走技能成才、技能报国之路,缓解结构性就业矛盾,支持服务经济社会发展等,具有十分重要的意义。)

六、健全终身职业技能培训制度,大规模开展职业技能培训,实施制造业技能根基工程、康养职业技能培训计划。(深入推进"十四五"职业技能培训规划,服务就业优先战略,聚焦高校毕业生、农村转移劳动者、失业人员等重点群体,继续大规模开展职业技能培训,超额完成年度开展补贴性职业技能培训1 500万人次的目标任务。加快培养制造业高质量发展急需的高素质技能人才,打造数量充足、结构合理、素质优良、充满活力的制造业技能人才队伍。)

七、坚持就业导向,技工院校全面推行工学一体化技能人才培养新模式。(按照"以专业和课程建设为主线,以评价标准为指引,分阶段稳步推进"的原则,明确"五个一体化"主要工作任务,即制定工学一体化课程标准,开发工学一体化教学资源,应用工学一体化教学方法,建设工学一体化教学场地,加快工学一体化教师队伍建设。)

八、技术技能类"山寨证书"专项治理工作取得积极成效。(对面向社会开展的与技能人员和专业技术人员相关的技术技能类培训评价发证活动进行专项治理,坚决纠正查处。在人力资源和社会保障部门户网站开设"职业资格和职业技能等级认证证书查询"专栏,免费向社会公众提供查询验证服务。)

九、中国上海获得第48届世界技能大赛举办权。(2022年9月26日,世界技能组织在线召开全体成员大会,经投票表决,中国上海直接获得2026年第48届世界技能大赛举办权。中国上海举办2026年第48届世界技能大赛,将为推动中国和世界技能运动新发展做出积极贡献。)

十、开展第十六届高技能人才评选表彰活动,褒奖为高质量发展做出突出贡献的优秀高技能人才。(人力资源和社会保障部应号召广大劳动者以中华技能大奖获得者和全国技术能手为榜样,爱岗敬业、追求卓越,坚定技能成才,矢志技能报国,为全面建设社会主义现代化国家、全面推进中华民族伟大复兴贡献力量。)

(摘自张家口市人力资源和社会保障局微信公众号,有改动)

二、合格职业人应具备的职业核心能力

当前,不少世界大国或经济强国都非常重视国民职业核心能力的培养。职业核心能力的提出始于20世纪70年代,由德国首提"关键能力",后来英国、美国、澳大利亚、新加坡、日本等国家及地区纷纷响应。职业核心能力与专业能

力、方法能力和社会能力有区别，也有重合，它适用于各种职业，是一种伴随终身的可持续发展的且可以迁移的跨职业能力。当个体的职业发生变更时，或者当劳动组织发生变化时，劳动者的这一职业能力仍然有用，仍然能够帮助个体在新的环境中再次获得新的技能和知识，对个体的职业发展起着关键作用，因此，这一能力也被称为"关键能力"或"职业核心能力"。德国、新加坡等国家称这一能力为"关键能力"，美国称之为"基本能力"，全美测评协会的技能测评体系中称之为"软能力"，我国则称之为"核心能力"。尽管叫法不同，但都是指人们在职业活动中所必须具备的基本能力，是具体岗位所必需的工作能力。

（一）职业核心能力的内涵

职业核心能力是人们在职业生涯中除专业能力之外的基本能力，是对劳动者从事任何一种职业都必不可少的跨职业的基本能力，是伴随人终身的可持续发展能力。目前职业核心能力已经成为人们就业、再就业和职场晋升所必备的能力，是在校、已就业或即将就业人群核心竞争力的重要标志，也是企事业单位在职人员综合素质提高的重要内容。

产业的升级换代、结构转型、科技的飞速发展，以及职业种类的更新变化，劳动者终身从事一种职业的可能性降低，这就对劳动者的素质提出了更高的要求。与一般的职业能力相比，职业核心能力具有非常重要的价值和意义。

掌握好核心能力，可帮助劳动者适应就业需要，在工作中调整自我、解决困难，更好地与他人相处。作为一种可持续发展的能力，它可帮助劳动者在变化的环境中不断习得新的职业技能和知识，更好地发展自身，以满足更高层次职业活动的要求。

对企业来说，培训员工的职业核心能力是增强企业核心竞争力的基础。职业核心能力的发展与提升有利于开发职员的"智能"，提高工作绩效，增加企业效益，是企业良好运营和发展的基本要素。不少企业在招聘员工时，十分注重应聘者的职业道德和核心能力，企业在内训中，也越来越重视职业核心能力的培养。

　　学校培训职业核心能力是为了增强学生的就业竞争力。职业道德、职业态度和职业核心能力共同构成职业的基本素养,培养职业能力、职业技能和职业素质是增强学生就业竞争力的根本。20世纪末,我国人力资源和社会保障部就组织开发了职业核心能力培训认证体系,其目的是更好地且有针对性地培养学生的职业基本素质,实现职业教育为就业服务的目标。开展职业核心能力培训和认证,是实现职业教育培养目标,开展职业素质教育的重要平台和抓手。学校按照职业生涯的发展要求,明确职业核心能力的基本范围和能力点,在学生在校期间强化职业核心能力的培训,从而有效提高学生的核心能力,并通过职业核心能力的认证,更好地指导学生明确努力方向和发展目标,为找寻满意的工作和收获幸福生活奠定基础。

　　培养职业核心能力是实现人的全面发展和促进社会发展的根本手段,是素质教育的具体体现。突出职业核心能力的培养是当代人本社会建设及发展的必然要求。培养、培训职业核心能力是"以人为本"素质教育的重要内涵,是为就业服务,为用人单位发展服务,为劳动者全面、和谐、可持续发展更好地服务。职业核心能力体系的开发以及在全社会的普及推行,将会大大提高我国劳动者的工作适应能力和工作绩效,不断提升各行各业的国际竞争力,推动社会主义现代化建设高质量发展。

拓 展 阅 读

全国职业核心能力认证(CVCC)介绍

一、内容

　　职业核心能力(Key Skills),又称为关键能力,是专业能力之外、广泛需要并且可以让学习者自信和成功地展示自己,并根据具体情况如何选择和应用的、可迁移的基本能力。职业核心能力认证项目是全国职业核心能力认证办公室研发团队在吸收了英国、美国、德国等西方发达国家最新能力教育和培训成果基础上,组织国内人力资源管理学、心理学、语言学和教育测量学等方面的专家开发研制的一项标准化测试。通过培训和测评,就业者可以成功地提升在生活、学习和职业场景中的效率和质量。2010 年 5 月 20 日,教育部教育管理信息中心正式向全国发文推广职业核心能力认证项目。职业核心能力认证课程包括如下模块。

1. 基础核心能力

职业沟通(Vocational Communication);

团队合作(Teamwork);

自我管理(Self-management)。

2. 拓展核心能力

解决问题(Problem Solving);

创新创业(Innovation and Entrepreneurship);

信息处理(Information and Communication Technology)。

3. 延伸核心能力

演讲与口才(Speech and Eloquence);

礼仪训练(Etiquette Training);

营销能力(Marketing Capabilities);

领导力(Leadership);

执行力(Executive Ability)。

CVCC 等级测评由过程测评和笔试两部分组成,总分为 500 分。其中,过程测评 150 分,笔试 50 分,笔试包括专业能力考试和职业能力测评。参加等级测评的考生除参加笔试外,还需在持有《全国职业核心能力认证专业教师证书》的教师和培训师指导下,用 2 个星期或 2 个星期以上的时间完成《全国职业核心能力水平等级认证过程测评文件包》。

二、测试对象

高中毕业以上(含高中毕业)文化程度的即将就业和已就业人群。

三、测试用途

全国职业核心能力认证测试致力于为所有希望提高职业核心能力的应试者提供服务,并为学校、企事业单位和政府机关提供最优的人力资源解决方案。其主要用途包括:

1. 为求职人员和在职人员了解、发展自身职业核心能力提供依据;

2. 为高等院校培养学生综合素质、提升毕业生就业率提供有效的教育培养与综合评价手段;

3. 为用人单位在人员招聘、选拔、任免等决策过程中评价相关人员职业核心能力提供参考依据,为用人单位培训与人才测评提供权威而高效的解决方案。

(摘自周彤、姜艳、马兰芳主编:《职业心理素养》,南京师范大学出版社 2017 年版,有改动)

(二) 职业核心能力的分类、结构和特性

1. 职业核心能力的分类

职业核心能力可分为职业方法能力和职业社会能力两大类。

（1）职业方法能力。

职业方法能力是基于个人的、具有方法和手段性的能力，包括自我学习、信息处理、数字应用等方面。

知识链接

自我学习
能力的培养

自我学习能力，是指在工作活动中，能根据工作岗位和个人发展的需要，确定学习目标和计划，灵活运用各种有效的学习方法，并善于调整原定的学习目标和计划，不断提高自身综合素质的能力。自我学习能力以终身学习为主要特点，以各种学习方法和良好的学习习惯为手段，以学会学习为最终目标，是从事任何职业都要具备的能力。

知识链接

信息处理
能力的培养

信息处理能力，是指根据职业活动的需要，运用各种方式和技术，搜集、开发和展示信息资源的能力。信息处理能力以文字、数据和音像等多种媒体为基础，以文件处理、计算机、网络通信等技术为手段，以适应工作任务的需要和实际问题的解决为目的。

知识链接

数字应用
能力的培养

数字应用能力，是指根据实际工作任务的需要，通过对数字的采集与解读，计算及分析，并在计算结果的基础上发现问题并得出一定评价与结论的能力。数字应用能力以数字信息为媒介，通过对数字的把握，运用数字运算的方式，来说明和解决实际工作中的问题。

（2）职业社会能力。

职业社会能力是与他人交往、合作的能力，包括与人交流、与人合作、解决问题及创新等。

课程视频

与人交流能力
——学会倾听

与人交流能力,是指在与人交往活动中,通过交谈讨论、当众讲演、阅读并获取信息,以及书面表达等方式来表达观点、获取和分享信息资源的能力,是在听、说、读、写技能的基础上,通过对语言文字的运用,来达到促进与人合作和完成工作任务的目的。

与人合作能力,是指根据工作活动的需要,为达成共同目标相互配合工作,并调整合作方案,不断改善合作关系的能力,是在个人与他人、个人与群体的基础上,通过与人交流的方式,并结合其他手段,来达到促进工作任务的完成和实际问题的解决的目的。

解决问题能力,是指能够准确把握事物的本质,有效利用资源,提出解决问题的意见,制定并实施解决方案并适时进行调整和改进,使问题得到解决的能力。这项能力所采用的技术和方法没有太多的限制,以解决实际问题为目的。

创新能力,是指在工作活动中,为改变事物现状,以创新思维和技法为主要手段,提出改进或革新的方案并能在实践中调整和评估创新方案,以推动事物不断发展的能力。这项能力需要有积极创新的精神,但又不限定任何可采用的技术和方法,以不断推动事物的发展为宗旨。

【小测试】"夸夸我自己":请在3分钟内尽可能多地写下自己具备的职业核心能力。与你的同伴分享,看谁写得多。大家写的一样吗?有什么不同?以小组为单位,汇总大家所写的能力。如果将它们分类,能分成几类?

2. 职业核心能力的结构

21世纪以来,我国教育部与其他部委的相关文件中一再指出并多次强调对学生以及职业人士进行职业核心能力培养的重要性。从职业核心能力所承载的职业生涯意义和价值期待上分析,可以分为三个部分:其一,基础核心能力(职业沟通、团队合作、自我管理);其二,拓展核心能力(解决问题、信息处理、创新创业);其三,延伸核心能力(领导力、执行力、个人与团队管理、礼仪训练、

知识链接

与人交流
能力的培养

知识链接

与人合作
能力的培养

知识链接

解决问题
能力的培养

知识链接

创新能力培养

"五常"管理、心理平衡）。这三个部分是在长期的职业实践中积累而成的知识、技能、经验、情感、价值观的综合体。

3. 职业核心能力的特性

职业核心能力在理论与方法、认识与实践、理性与实证中表现出以下五种特性。

（1）普适性。

职业核心能力是一种最基本的职业能力，它使从业者能够迅速适应岗位的变化，顺利进行职业活动，适用于所有职业。比如任何问题的解决都离不开沟通，缺乏交流能力就没有办法顺利开展职业活动。在一个人无法独立完成某个任务时，团队协作就尤为重要，集聚大家的智慧，才能够按时按点、保质保量地把工作任务完成好。

（2）迁移性。

职业核心能力是一种可迁移的能力，是可伴随劳动者终身的、可携带的技能。当今社会，工作流动加快，当职业发生变更或者当劳动组织发生变化时，从业者能够在变化了的环境中获得新的职业、知识和技能。

（3）可持续性。

职业核心能力的迁移性决定了其也具有可持续性。在面对复杂的职业情境时，由于具有不断获取知识和迁移知识的基本能力，从业者也就获得了职务晋升或在新环境中生存与发展的有力支撑。

（4）整体性。

职业核心能力是一个完整的系统，是个体认知和行为的整合，是一种协同性的累积，是不断变化的"内省型"和谐、统一的有机组成，这种整体性效能对个体在职业环境中的行为起着主要的决定作用。

（5）内隐性。

人在长期的职业活动中，对一些文化元素进行着有意识的内化、积淀，形成了一些个性心理特征，这部分不显露在外，因而具有内隐性。被内化为职业个体自身的文化因子，则是职业核心能力形成和应用的条件与文化支撑。

（三）职业核心能力的培养

培养职业核心能力的目的，就在于着力提升学习者已有的核心能力水平，系统学习、了解发展自身职业核心能力的方法，从而全面提高适应职业活动所需要的综合能力。

职业核心能力的培养目标不在于掌握相关的知识和理论系统，而在于培养能力。培养宗旨是：以职业活动为导向，以职业能力为本位，必须通过职业活动（或模拟职业活动）过程的教学，以及以任务驱动型的学习为主的实践过程，在一定的知识和理论指导下，获得现实职业活动需要的实践能力。

1. 职业核心能力培养路径

实施职业核心能力的培养，可以采取渗透性的教学方式，从显性和隐性两方面来进行。显性方式即，把职业核心能力的培养渗透在专业课程的教学过程之中；隐性方式即，在第二课堂、学生的社团活动和社会实践活动中，强化职业核心能力的训练，以实现其养成教育。

（1）在理论教学和实践教学中培养职业能力。

人的核心能力是长期和多方面学习历练的结果。实施职业核心能力的培养，可以采取专题性的培训，即开设培养课程，通过必修课或选修课，集中培训，系统点拨和启发；还可以利用周末，或者在学生就业前一段时间进行强化培训，帮助学生全面、系统地提高职业核心能力，以增强就业的适应性和竞争力。简单来说就是在公共课程融入培养，在专业课程渗透培养，在实践课程嵌入培养，在选修课中集中培养。

拓 展 阅 读

在"网页设计与制作"课程中培养职业能力

在专业课"网页设计与制作"课程中，可以创设项目"撰写网站策划书"，设计职业能力一体化培养的任务。

表 3-2　考核评价参照表

专业能力	社会能力	方法能力
(1) 能分析用户需求,准确定位网站类型 (2) 能根据网站目的确定网站栏目 (3) 有较强的色彩运用能力,能完成网站的配色方案 (4) 能完成规范的网站策划书	(1) 良好的职业素养,遵纪守时,积极参与 (2) 良好的客户沟通技巧和语言表达能力 (3) 良好的团队合作精神与创新意识	(1) 能制订工作计划 (2) 能借助网络、工具书等查阅资料,学习新技术、新知识 (3) 善于发现问题和解决问题 (4) 评价总结能力

在此项目过程中,以任务作为考核的基本单位,从专业能力、社会能力、方法能力(见表 3-2)三方面进行考核评价。每个小组在任务完成中,其信息搜索能力、团队合作能力、沟通协调能力、创新能力等都得到了充分的运用和提高。

(2) 在校园实践和社会实践中养成职业核心能力。

职业核心能力是非技术能力,它是职业精神、工作态度和价值观等综合素质的外显,因而要构建一个有利于养成的教育环境,对学生进行全方位教育。比如,多举办校园比赛和社团活动给学生提供展示自己和锻炼能力的平台,及时予以奖励和表彰来鼓励学生积极提升职业素养等。

拓 展 阅 读

"金色港湾"老年居家养老创业计划

医学院学生参加职业核心能力选修专题培训后,有个团队针对目前社会老龄人口基数越来越大,社会养老问题越来越多的现状,经过充分讨论,选定"金色港湾"老年居家养老项目。随后,团队成员开展关于社区和敬老院的市场调研,收集资料,征求意见,制定方案,并利用现代网络技术,以"关爱老人,造福社会"为理念,构建了以"医疗服务,娱乐服务,教育服务,生活服务"为一体的现代居家养老服务模式。一学期里,大家分工协作,沟通协调,撰写了创业计划书,开发了健康生活APP(小程序)。由于该项目既切合国家创新创业精神要求,又能充分发挥医学院学生护理、医药专业优势,2016 年,该团队成立了"爱在家居家养老服务"公司,获得了校创业计划比赛特等奖,现已入驻了校创业孵化园。

(摘自周彤、姜艳、马兰芳主编:《职业心理素养》,南京师范大学出版社 2017 年版,有改动)

学应有所得,学应有所用,学习不是终点,而是起点,只有持续学习、坚持思考,将所学的东西学以致用、学用结合,才能真正提升自我、展现自我,适应新时代改革创新的要求。

2. 职业核心能力培养的方法

(1)基本方法:行动导向教学法。

职业核心能力培养需要通过大量实际活动进行行为方式的训练,因此,核心能力培训主要应遵循行动导向教学法的理念和方法。行动导向教学法是以就业导向下能力本位的教育目标为方向,以职业活动的要求为教学内容,依靠任务驱动和行为表现来引导基本能力训练的一种教学方法。行动导向教学法中最适用于核心能力培训的包括项目教学法、角色扮演教学法及案例教学法等。这些教学法主要是让学生通过行为目标并借助具有情境的教学活动进行"手—脑—心"的全方位自主学习。在这种新的教学方式下,教学目标是一个行为活动或需要通过行为活动才能实现的结果,具有可检视性,学生必须全身心地全程参与活动才能实现教学目标。在教学活动中,学生是主角,教师只是主持人,通过项目、案例或课题的方式,让学生明确学习目标,在教学过程中控制教学的进度和方向,根据学生的表现灵活调整,并对学生的学习效果进行评估,从而指导学生在专业学习和技术训练的过程中全面提高综合能力,形成职业核心能力的各种素质。

(2)教学的基本程序:OTPAE 五步训练法。

根据行动导向教学法的理念,参考国内外先进的职业教育和企业培训的模式,国家人力资源和社会保障部职业技能鉴定中心专家设计了一个新型的"目标—任务—准备—行动—评估"五步训练法,即 OTPAE 五步训练法。

第一,目标(Object):依据核心能力标准对本节训练的活动内容和技能要求的具体解释和说明。呈现本节特定的学习目标,以使学习者明确学习内容,确认自己学习行动的目的。

第二,任务(Task):对该能力点在实际工作任务中典型状态的描述和意义的呈示。通过列举活动案例,分析能力表现形态,让学习者形成基本认知;并通过该能力点运用的意义阐述,形成学习者的学习动力。

第三,准备(Prepare):对理解与掌握该能力点"应知"内容的列举和说明。知识是能力形成的基础,掌握必需的基本知识以及能力形成的基本方法、程序,是提高能力训练效益的重要前提。

第四,行动(Action):以行动导向教学法组织训练的主体部分和重点环节。立足工作活动过程,采用任务驱动、角色扮演、案例分析等教学方法训练能力。它是示范性和写实性的,是能力培训的落脚点。

第五,评估(Evaluate):对教学过程中教师如何评价教学效果和学习者如何评估学习收获的指引。通过教师、同学和本人的自我检查,及时了解学习的成果,获得反馈。

五步训练法采用行动导向教学法,遵循以能力为本位的教育目标,是养成职业能力的重要途径。学生通过目标来明确各个模块的学习活动,掌握拟订学习计划、自我学习并评估学习效果等方法,从而切实提升自己的职业核心能力。

例如,正确观察幼儿游戏可以使教师看见并读懂幼儿的行为,并能针对幼儿当下实际开展适宜的教育。观察幼儿是教师指导幼儿游戏的前提。结合专业知识和技能,通过"目标—任务—准备—行动—评估"五步训练法对高职学前教育专业学生的游戏观察能力开展培训的具体步骤如下。

第一,目标(Object):到幼儿园真实了解幼儿在游戏中的行为能力和表现,包括了解幼儿的兴趣和需要、幼儿的认知和社会性水平、幼儿的个性特点和能力差异。

第二,任务(Task):观察幼儿的游戏行为和水平。幼儿在游戏中的行为能力表现,是游戏观察的核心。观察学习儿童认知发展、社会性发展、身体动作发展、情绪发展以及幼儿游戏时的专注情况、兴趣爱好、主动性和积极性等;同时,儿童游戏的社会交往水平如何、处在何种游戏水平阶段和在游戏中的组织能力等，也都是观察的要点。

第三，准备（Prepare）：用三种方法进行观察记录。

（1）扫描观察法（时段定人法）。即观察者对班级全体儿童平均分配时间，在相同的时间内，对每个儿童轮流进行观察。通过这种方法，可以掌握每一个儿童的游戏情况，了解儿童游戏的详情，在游戏开始和结束时都适合使用这种观察方法，便于快速高效地了解被观察幼儿对象群体的游戏状态。

（2）定点观察法（定点不定人法）。即观察者在游戏过程中，固定在某个区域观察，记录所有进入该地点儿童表现的一种方法。这种方法适合了解某主题或区域儿童的游戏情况，儿童的现有经验和兴趣点，以及一些儿童游戏材料的使用、儿童之间的交往、游戏情节的发展等动态信息，比如幼儿说了什么、做了什么，有什么动作表情，对活动的兴趣怎么样，专注程度如何，如何交往等，它能让教师较为系统地了解某个事件发生的前因后果，避免指导的盲目性。实施时要注意教师需固定到观察区域，即使该区域的儿童离开了，教师也在这个点继续观察，只要来这个点活动的幼儿都应当是被观察对象。

（3）追踪观察法（定人法）。即观察者根据需要确定1~2个儿童作为观察对象，观察他们在游戏活动中的各种情况，固定人而不固定地点。这种方法适合观察了解个别幼儿在游戏中的发展水平，教师可以自始至终地观察，也可以就某个时段或某个情节进行观察。追踪观察法适用于游戏活动中，教师有重点地个别观察，这样可以获得更详细的信息。

第四，行动（Action）：采用上述三种方法进行观察和记录，对学前游戏中幼儿的各种表现（从游戏开始到结束的全过程）进行全面记录和有效整理，不漏掉任何一点，并根据所学的各种游戏理论进行分析、总结和反思。游戏观察记录要采用叙述性语言，选取幼儿在游戏中集中反映认知水平、社会性行为、身体发展状况等的表现按顺序记录下来，记录内容包括时间、地点、人物、基本活动以及目标人物的对话和动作。

第五，评估（Evaluate）：学生展示自己的观察记录，教师和其他同学共同评价,从他人的反馈中了解学习质态。

下面是某学生定点观察法的记录展示。

观察日期:2024 年 3 月 16 日　　观察地点:小班"娃娃家"

乐乐套上一件白色的长袍,戴上一对兔子耳朵后,开始蹦来蹦去。星星在电话机旁坐下来,而后又站起来想玩游戏,他拿出了两个碗,把它们放在地板上,然后走过去把乐乐叫过来,他把乐乐带到碗面前,让乐乐蹲下来。

"把它们吃光,小兔子。"

乐乐蹲下来假装吃东西,星星嘴里开始发出"丁零零——"的声音,他跑到电话机旁拿起听筒聆听。

"姨妈要来看我们。"乐乐似乎没有听到这句话,但一分钟后他站了起来,走到化妆箱前拿出一条裙子套在白色长袍外,他向星星走去,并用短粗尖细的声音说:"嗨,我来看你们了!"

星星看看乐乐,接着离开了"娃娃家",走到做手工的桌子那里。

与普通高等学校相比,我国高等职业院校普遍重视操作技能训练,对职业核心能力的提升有所忽视,因此,高职毕业生表现出"就业容易,后劲不足"的特点。高职教育的目的是培养全面发展的"职业人",而不是只懂技术片面发展的"工具人"。除了相应的职业技能,"职业人"最重要的就是具备职业核心能力。职业核心能力在形成与发展的过程中,有助于促进学生身心的和谐发展,丰富学生的职业情感和精神世界,并形成健康积极的职业品质与职业人格。

【训练任务】

任务一　请帮想跳槽的王红支招

新人王红刚进一家市场调研公司工作半年就想跳槽,原因是工作不适应。一开始,经理还表扬她很适合做市场调研工作,她对工资也较满意。可是渐渐地,王红觉得跟同事越熟越有隔阂。比如,同事喜欢在她面前评论他人是非,为此她心里很纠结;下班后同事们喜欢一起出去吃吃喝喝,次数一多,她觉得很无聊;第一次新员工评分,部门主管没有给她预想的测评结果,为此她与主管理论了一番,虽然后面主管询问经理后给她调了等级,但双方的心理距离变远了。王红觉得很苦闷,思考再三,决定跳槽。

请问:王红怎样做才能在最短的时间融入集体,与大家和谐相处,享受到融入集体的快乐?

任务二　请帮小李制订一份自我提高的学习计划

小李是应届生,在一家较大的物流公司应聘了一份总裁秘书的工作。刚进入公司,小李感到很兴奋,每一位同事都仪表得体、精神焕发,他们之间的相处也很融洽。半个月以后,部门经理找她严肃地谈了一次话。部门经理说,小李的文字处理能力不错,工作也挺认真,但网络营销方面的知识很欠缺,如果不能很快改善这种状况的话,她可能试用期都过不了。小李听完经理的话后,顿时陷入了迷茫。她仔细想了想,觉得这里的环境不错,自己也很喜欢这份工作,应该竭尽全力提高自己,改变这个对自己不利的局面。

请你帮助小李走出困境:

(1)帮助她设定学习的目标和具体任务;

(2)帮助她制订一份行之有效的学习计划。

任务三　劝说顾客支付修理费

某汽车修理厂有几位顾客不肯支付修理费,不是因为这些修理费不该付,而是他们借口说要么这一项太贵了要么那一项弄错了。可是,他们之前都在维修单上签了字的。不明智的收款员非常生气,一次又一次气势汹汹地登门催款,并指责顾客违约企图赖账,结果总是不欢而散。后来,经理改派了一位负责公关的职员前去处理此事。这位职员先是认真耐心地倾听顾客的牢骚,并对收款员的粗暴态度表示歉疚。接着他说:"你们是汽车的直接使用者,对于汽车最有发言权,我们常打交道,深知各位恪守信用,推迟付款主要是各位希望核实费用。为了公正准确、维护我厂信誉,现在我把账单留下,劳驾各位核实一下,欢迎提出宝贵意见。"没多久,欠款就如数交来了。

请以小组为单位讨论:

(1) 收款员处理不当的地方有哪些?

(2) 公关人员说服顾客交费的技巧有哪些?

任务四　与人交谈

王刚平时上班经常迟到,工作时也常常注意力不集中,犯一些很低级的错误。而且,他还振振有词:"又不止我一个人这样,有什么大不了的。"为了帮助他改正这些缺点,假设你是车间主任,请你和他进行一次谈话。

任务:每两人一小组,分别扮演车间主任和王刚进行谈话。先在大组内表演,相互评议,接着各大组推选一小组在全班面前表演,最后大家评议,评出最佳小组。

任务五　收集就业信息

1. 活动目标

结合所学专业,尽可能多地搜集近一个月本地区的相关就业信息。

2. 活动内容

(1) 就自己所学专业涉及的岗位,尽可能多地从不同途径搜集本地区最近一个月的就业信息,并填写就业信息表(表3-3)。

表3-3　就业信息表

序号	招聘单位	岗位名称	人数	招聘要求	信息来源

（2）引导学生更深入地了解本专业的就业现状，从而在未来就业时做到有的放矢。

（3）在就业信息表中，选取一个有效的、自己感兴趣的招聘单位，利用节假日去实地考察，撰写一份考察报告并在班级交流。

项目四

职业心理素养

【导言】

推进健康中国建设。人民健康是民族昌盛和国家强盛的重要标志。把保障人民健康放在优先发展的战略位置,完善人民健康促进政策。……重视心理健康和精神卫生。

——党的二十大报告

【案例分析】

把压力关在门外

从传媒大学毕业后,李雯雯经过考试,到一家报社工作。这是一份很受人尊敬也让人羡慕的工作,工作环境好、条件好,而且非常风光。李雯雯为自己感到庆幸。

新闻是不会"照顾"媒体人的工作时间的,随时都会发生,记者随时就得到场。媒体行业日新月异,李雯雯在学校里学到的知识,有些很快就过时了。在媒体融合的大背景下,李雯雯感到手足无措,很多方面都需要重新学习。这份工作强调时效性、准确性,非常磨人,李雯雯很快就从当初的兴奋坠入了冰窖,"压力山大"。

越是压力大,越是手忙脚乱,有一次,李雯雯居然跑错了采访地点。"我能胜任这份工作吗?"她失去了自信,甚至产生了辞职的念头。但最终她默默将辞职报告塞进了抽屉,毕竟,干新闻工作一直是她的理想。

夜深人静时,李雯雯认真审视自己:虽然在学校里学得很好,拿过三次一等奖学金,但是书本知识根本不能完全套用于社会实际,自己适应社会的能力不强,重新学习的劲头不足,导致工作上很难迅速进入角色,成绩不理想,于是产生了极大的压力;压力过大了,又使得思维迟滞,导致工作效率和质量低下,这是一个恶性循环。

找到问题的症结，李雯雯豁然开朗，她知道怎么做了：把压力变成动力，把动力变成行动。

李雯雯彻底清除了身上的"书生气"，努力使自己胆子大起来，积极与各方面打交道。她购买了很多新闻专业方面的最新书籍，打开通向专业前沿的通道；她每天都深入、仔细研读大报记者的采访，从中学习采访、写作技巧；她主动请同仁对她的报道提出批评意见……

通过近两个月的努力，李雯雯各方面的能力显著提升，她的报道还被评为单位月度好稿。仅仅半年，李雯雯已经是一名有模有样的记者了。看到自己的努力取得了成效，李雯雯对自己更加充满信心了。最近，领导还安排她独立采访一个重要的外企开工典礼。

三年过去了，李雯雯被提拔为政务新闻小组组长，她要带领一个团队了。这是荣誉，更是新的压力，她本来是不敢担任这个职务的，但是她想到自己当初入职时的经历，便告诉自己，工作中怎会没有压力，应积极应对，主动挑战，不断学习，将压力化为前进的动力。就在这一年，她的小组还获得了市级"青年先锋队"称号。

【思考】李雯雯是如何应对职业压力的？

一个人想要在职场上很好地生存和发展，不仅需要良好的职业人格和道德品质、丰富的职业知识和必备的职业能力，而且需要具有良好的心理素质，保持健康和谐的心态。从业者只有具备了良好的职业心理素养，才能在当今快速变革和竞争激烈的社会环境中清楚地认识自我，积极主动地调整自己的认知、情绪等，努力适应外部环境的变化，从而顺利完成自身的职业发展。

在职业心理素养中，职业心理健康是一项非常重要、不可或缺的内容。心理健康是生活、学习、工作的基本保证。只有心理健康的人，才能适应瞬息万变的社会环境，才能承受压力，从容不迫地面对困难与挑战。心理健康状况不仅关乎个人的幸福生活，也是影响集体发展、社会稳定的重要因素。

一、职业心理素养与职业心理健康

(一) 职业心理素养

职业心理素养是从业者在认知、情感、意志、个性(兴趣、态度、能力、气质、性格)等方面的素质的综合,具体包括职业意识、职业兴趣、职业气质、职业性格、职业能力、职业人格以及个体的心理健康等。职业心理素养对职业发展具有相当的重要性。当然,每一种职业对从业者的知识结构、身体素质、心理素质等方面的要求都是不一样的,不同职业对心理素养的要求也会因各自的特征和需要不同而有所不同。

(二) 职业心理健康

1. 心理健康的含义

1989 年,世界卫生组织进一步深化了健康的概念,认为健康应包括躯体健康、心理健康、社会适应良好和道德健康四个方面。心理健康是健康的重要组成部分之一,主要体现在人的精神、情绪和意识方面都处于良好的状态。

2. 职业心理健康的含义

职业心理健康是指这样一种状态,即人对内部环境具有安定感,能对外部环境以社会上的任何形式去适应,遇到任何障碍和困难时,心理都不会失调,能以适当的行为予以克服,这种安定、适应的状态就是健康的职业心理的表现。

早在 19 世纪中叶,恩格斯在《英国工人阶级状况》一书中,就从多方面描述了英国工人身体和心理上存在的健康问题。随着现代社会压力和市场竞争的加剧,越来越多的员工受到心理问题的困扰。职场压力的加剧、人际关系的紧张、自我性格的缺陷、消极情绪的侵扰……这一切,让不少人觉得身心疲惫、不堪重负。如果这些问题不能得到及时调适,就可能会转化为更大的心理危机,从而引发更严重的后果。

3. 职业心理健康的标准

拓 展 阅 读
心理健康标准

对心理健康的标准，众说纷纭，至今尚未达成统一的、公认的说法。

1946 年第三届国际心理卫生大会上提出心理健康的标准是：身体、智力以及情感十分协调和谐；适应环境；有幸福感；在工作中能发挥自己的能力，过着有效率的生活。

美国社会心理学家马斯洛和密特尔曼提出心理健康十条标准：有充分的安全感；对自己有较充分的了解并能恰当地评价自己的行为；自己的生活理想和目标能切合实际；能与周围环境事物保持良好的接触；能保持自我人格的完整与和谐；能具备从经验中学习的能力；能保持适当和良好的人际关系；能适度地表达和控制自己的情绪；能在集体允许的前提下有限地发挥自己的个性；能在社会规范的范围内适当地满足个人的基本要求。

美国人格心理学家，实验社会心理学之父奥尔波特（Gordon W. Allport，1897—1967）提出心理健康应该包括七个方面：自我意识广延；良好的人际关系；情绪上的安全性；知觉客观；具有各种技能，并专注于工作；现实的自我形象；内在统一的人生观。

我国学者也提出了不同的标准。

台湾地区学者黄坚厚在 1982 年提出了衡量心理健康的四条标准：乐于工作，能在工作中发挥智慧和能力，以获取成就和满足；乐于与人交往，能和他人建立良好的关系，与人相处时正面态度多于反面态度；对自己有适当的了解和悦纳的态度；能与环境保持良好的接触，并能运用有效的方法解决所遇到的问题。

郑日昌认为，心理健康包括：正视事实；了解自己；善于与人相处；情绪乐观；自尊自制；乐于工作。

王登峰、张伯源提出心理健康的八条标准：了解自我、悦纳自我；接受他人，善与人处；正视现实，接受现实；热爱生活，乐于工作；能协调与控制情绪，心境良好；人格完整和谐；智力正常，智商在 80 分以上；心理行为符合年龄特征。

（摘自卿臻主编：《大学生心理健康教育》，清华大学出版社 2012 年版）

综合国内外学者对心理健康的多种观点，可以归纳出职业心理健康的基本标准包括以下几方面。

（1）智力正常。

智力正常是人正常生活最基本的心理条件，是心理健康的重要标准。智力是人的观察力、注意力、记忆力、想象力、思维力、创造力和实践活动能力等方面的综合，是人们正常学习与工作的心理基础，以及适应周围环境必备的心理保障，也是人们心理健康的首要标准和基本条件。

（2）客观认识自己。

客观认识自己，正确进行自我评价，是心理健康的重要标准和条件。一个人客观真实地认识自我表现在不会因为自己在有些方面强于别人而自傲，也不会因为自己有些方面不如别人而自卑；在制定自己的生活目标和职业理想的时候能够切合自身的实际情况；即便面对困难与挫折，也能够做到悦纳自己，能自律、自尊、自强、自爱，并能够在现实的条件下树立目标积极进取。

（3）人际关系和谐。

和谐的人际关系是人们生活幸福、工作顺利、事业成功的必要前提，它既是个体达成心理健康不可缺少的条件，也是重要途径。和谐的人际关系的表现有：乐于与人交往，既有广泛的交际圈，又有一定的知心朋友；在交往中能够保持人格独立完整，不卑不亢；能准确客观地评价自己和别人，能取长补短、宽以待人、乐于助人，交往动机纯正，交往中积极态度多于消极态度。

（4）情绪积极稳定。

情绪稳定和心理愉快是心理健康的一个重要指标，情绪在心理状态中起着核心作用，情绪异常往往是一个人出现心理问题的先兆。情绪积极稳定主要表现在愉快情绪多于负面情绪，乐观开朗、富有朝气、对生活充满希望；既能克制自己又能合理宣泄自己的情绪；能较快适应变化的环境等。

（5）人格健全完善。

人格健全完善要求人格结构的各要素完整统一，平衡发展；有正确的自我意识与积极进取的人生观，并以此为核心将自己的目标与行动相统一；思考问题客观合理，待人接物恰当灵活，能够跟得上社会的发展变化，和集体融为一体等。

（6）意志品质健全。

意志品质健全具体表现为：在活动中会有自觉的目的性，积极主动采取行动，当机立断，把握最佳时机，适时做出决定并切实有效地解决问题；遇到困难与挫折，能采取合理的应对方式；在行动中能够有效地控制自己的情绪和行为，不盲目冲动、固执己见等。

（7）社会适应良好。

社会适应良好的人能够将社会环境的特征和自我的具体情况进行协调，或改变环境适应个体需要，或改造自我适应环境的要求，使个体与环境之间可以保持协调的状态；能够面对现实、接受现实，让自己的思想和行动与社会的进步与发展保持一致；能够正确地认识社会，以有效的办法应对现实环境中的各种困难，如果个体与社会之间产生冲突，也能够及时进行调整改变自己以适应社会现实的要求。

心理健康是动态的、相对的，包含两个层面。一是无心理疾病，即认知正常，情感协调，意志健全，个性完整和社会适应良好。二是具有一种积极发展的心理状态，即不仅没有心理疾病，而且能充分发挥个人潜能，发展建设性人际关系，进行具有社会价值的创造，追求高层次需要。

二、职业心理健康的影响因素

（一）内部因素

人的职业心理健康主要受以下几方面内部因素的影响。

（1）遗传因素。

先天的遗传在很大程度上决定一个人的生物学特征，同时对人的心理健康有着直接的影响。一个人的气质、能力、性格等都会受到遗传的影响。人的许多精神疾病和遗传有着很大的关系。

（2）生理因素。

生理因素也会影响心理健康。大脑是心理活动赖以产生的基础，脑震荡、脑挫伤等脑外伤，可能导致意识障碍、遗忘症、言语障碍、人格改变等心理障碍。

其他躯体疾病或生理机能障碍也会影响人的心理健康,如内分泌机能障碍,尤其是甲状腺机能混乱、机能亢进,患者往往出现暴躁、易怒、敏感、情绪冲动、自制力减弱等心理异常表现。

(3) 心理状态因素。

心理状态因素(包括认知因素、情绪因素等)。认知因素包括感知、注意、记忆、思维、想象等,它们之间是相互影响的。如果某一认知因素发展不正常或几种认知因素之间关系失调,就会产生认知矛盾和冲突,从而使人感觉紧张、焦虑、烦躁、不安等。

积极的情绪体验是维持身心健康的重要因素。经常波动的消极的情绪状态往往使人心情压抑、精力涣散、身体衰弱;稳定积极的情绪状态则往往使人心境愉快、精力充沛、身体健康。

(4) 个性因素。

个性包括个性倾向性、个性心理特征、自我意识三个方面。它是个体与环境相互作用过程中表现出来的独特的行为方式、思维方式和情绪反应。如果个体能与社会环境相适应,就是正常的。如果个体的言行举止、情绪反应、态度、道德品德等与周围环境格格不入,人际关系紧张,则有可能出现心理障碍。

(二) 外部因素

除了内部因素,外部因素也极大地影响了人的职业心理健康状况。

1. 家庭

父母是孩子的第一任老师,家庭对人的成长和成才影响深远。家庭对人的心理健康影响很大,尤其是在儿童期。家庭关系不和谐、家庭结构改变、家庭教育不科学等,都容易导致个体产生心理问题,造成个体社会适应不良。

2. 学校

青少年的大部分时间都是在学校里度过的,学校是他们学习、生活的主要场所,所以学校对学生的心理健康影响很大。学校的教育条件、学习条件、生活条件,以及师生关系、生生关系等,对学生的心理健康都有着直接的影响。紧张的师生关系或不和的同学关系都容易使学生在成长过程中出现焦虑、自卑、恐惧、抑郁等心理。若不及时调适,就会导致学生出现心理障碍,对其心理发展也会带来持续性的负面影响。

3. 社会

社会因素对人的生存发展起着决定性的作用。当前社会,经济发展迅速,社会价值取向多元化,生活节奏加快,这些都可能加剧人的心理压力。特别是毕业生正式进入职场之后,面临生活环境和社会角色的巨大变化,以及激烈的社会竞争和职场的复杂环境,心理上往往会受到较大的冲击,如果应对不当,极易产生心理问题。

三、常见的几种职业心理健康问题

在这些内外因素的作用下,有些人出现了职业心理健康问题,对个人、家庭、工作甚至社会都产生了不良的影响。常见的职业心理健康问题有以下几种。

1. 缺乏正确的自我意识

缺乏正确的自我意识,通常有两种表现:一是过高地评价自己,孤芳自赏,自觉高人一等,在别人面前有明显的优越感,习惯将工作的成绩归功于自己,而对于失误则认为是别人的过错;二是自我评价过低,自轻自贱,觉得自己处处不如别人,工作也常常被动消极,不敢表现自己。

2. 缺乏积极的职业心态

有的人在工作上遇到不如意的事情就会心情郁闷,悲观失望,或者怨天怨地、指责别人;有的人满足于现状,不思进取;有的人虽有想法,但缺乏行动,或做事只有三分钟热度;还有的人爱偷懒,想要不劳而获;等等。这些消极的心态都不利于职业发展。

3. 人际关系处理不佳

有的人不愿意主动和同事接触,不信任同事,觉得自己的言行举止都在被别人关注着，担心会被领导、同事耻笑，对工作中的社交感到强烈的恐惧、忧郁；有的人则处处计较，不能与团队建立和谐合作的关系。

4. 缺乏积极稳定的情绪

工作中一旦遇到挑战或困难，就容易产生消极的情绪反应，要么情绪低落、紧张焦虑、烦躁不安，对工作失去热情，担心自己完成不了工作任务；要么情绪冲动，易与领导、同事或客户等产生矛盾冲突，这两种情绪状态都会影响工作的正常进行。

5. 缺乏压力应对能力

不能及时有效地应对压力、调适压力，就会感到焦虑、抑郁、烦躁，严重时则精神失常。

6. 职业适应存在问题

工作上发生调职、转岗、跳槽、失业等现象都是正常的。要有较强的心理适应能力，快速摆脱原先境遇的影响，迅速投入到新的工作环境中去。适应不良容易引发职场倦怠、职场孤独、职场抑郁等问题。

【案例分析】

公交车驾驶员老李，最近时常感觉心情郁闷，急躁易怒，工作业绩也受到很大影响。

清晨四点半，老李没来得及吃早饭便到了出车站，开始一天的工作。他想要把车厢内外打扫得干干净净，以顺利通过卫生检查，但一块口香糖却怎么也洗不掉。

老李不禁生气地说："这是哪个没素质的，一点公德心也没。"他一边骂一边洗，越想越生气，掏出手机拍了一段视频发到了同事聊天群，并抱怨道："这份工作，工资不多，烦心事不少。单位考核哪一项都要命！"其他人随声附和了几句。谁知对话被领导看见了，于是对老李进行了口头批评教育。

待到正式发车，老李遇到一些蛮不讲理的乘客。

有的乘客自己坐过了站，还要求公交车半路停车，老李没有答应他的要求，说道:"自己坐过站了怨谁,等下站吧!"他便对着老李破口大骂。

有的乘客不按规定硬要在前门下车,老李加以劝导,却被乘客倒打一把说他服务态度差,要打电话投诉。

老李遵守"有站必停"的规定,途经无人站台也进站停车,被乘客抱怨耽误时间……

老李憋了一肚子气,尽管又跑了两趟车,但他脑海里还是萦绕着那些乘客的无礼言行。突然,岔道口盲区窜出来一辆小轿车,老李及时猛踩刹车,避免了两车的碰撞。但急刹车却使一位乘客跌倒,磕破了手肘。老李将乘客带到医院,垫付了医疗费,却被经理扣了绩效。

收车的时候,老李进行常规清洁,猛地发现有一摊呕吐物在座椅附近很是扎眼,本以为这个点可以直接下班,没想到还要收拾这堆烂摊子。

拖着疲惫的身躯下班回到家时,已是深夜,老李的家人早睡下了。看到女儿在客厅留的字条,他这才想起来自己缺席了孩子的家长会,又看到妻子给自己留的夜宵,他十分愧疚。又想起自己倒霉的一天,他不禁长叹一声,想要换个工作,可自己年龄、学历在这时候找工作都不占优势,左思右想,一夜都没有睡好。

大家想一想,除了糟糕的运气外,老李自身存在哪些问题呢?

上述案例中,老李有四个方面做得不好。

第一,不吃早饭。不吃早饭会使得胃酸腐蚀胃黏膜,引发胃炎、胃溃疡等疾病;胆囊中胆汁不能排出,胆汁浓缩,容易导致胆结石;还会引发低血糖,让人反应迟钝,头脑昏沉,工作能力下降,更会影响工作时的情绪。

第二,职场焦虑引发的倦怠。老李对工作尽心尽责,这份责任心与担当使老李不得不承受相应的压力。当这种压力逐步增加又没有正确途径排解时,就会使得焦虑与职业倦怠积聚,消极情绪逐渐溢出。

第三,错误的交流方式。"自己坐过站了怨谁,等下站吧!"这样的措辞,既不礼貌也不温和。会将小事扩大,加深与乘客之间的矛盾。

第四,被不良情绪主导的抱怨。抱怨其实也是一门艺术,想抱怨,既要找愿意听自己抱怨的人,还要找能给自己适当建议的人。老李跟同事抱怨,结果不良情绪不仅没能得到宣泄,反倒使自己的心情更恶劣,我们要在抱怨的同时找到恰当的应对问题的方法。

四、维护职业心理健康的方法

(一) 客观认识职场自我

渴望事业成功,首先要客观全面地认识自己在职场中的长处、弱点、兴趣、能力等。只有真正认识自己、理解自己,才能更好地在职场中发挥自己的优势和潜能,更好地实现自己的人生价值。

拓 展 阅 读

小狗汤姆到处找工作,忙碌了好多天,却毫无所获。他垂头丧气地向妈妈诉苦说:"我真是个一无是处的废物,没有一家公司肯要我。"

妈妈奇怪地问:"那么,蜜蜂、蜘蛛、百灵鸟和猫呢?"

汤姆说:"蜜蜂当了空姐,蜘蛛在搞网络,百灵鸟是音乐学院毕业的,所以当了歌星,猫是警官学校毕业的,所以当了警察。和他们不一样,我没有接受高等教育的经历和文凭。"

妈妈继续问道:"还有马、绵羊、母牛和母鸡呢?"

汤姆说:"马能拉车,绵羊的毛是纺织服装的原材料,母牛可以产奶,母鸡会下蛋。和他们不一样,我是什么能力也没有。"

妈妈想了想,说:"你的确不是一匹拉着战车飞奔的马,也不是一只会下蛋的鸡,可你不是废物,你是一只忠诚的狗。虽然你没有受过高等教育,本领也不大,可是,一颗诚挚的心就足以弥补你所有的缺陷。记住我的话,儿子,无论经历多少磨难,都要珍惜你那颗金子般的心,让它发出光来。"

汤姆听了妈妈的话,使劲地点点头。

在历尽艰辛之后,汤姆不仅找到了工作,而且当上了行政部经理。鹦鹉不服气,去找老板理论,说:"汤姆既不是名牌大学的毕业生,也不懂外语,凭什么给他那么高的职位呢?"

老板冷静地回答说:"很简单,因为他是一只忠诚的狗。"

(摘自刘俊贤、白雪杰主编:《大学生职业规划、就业指导与创业教育》,清华大学出版社 2015 年版)

1. 全面认识自我

要全面客观地认识自我可以从以下几方面入手。

（1）通过他人的评价认识自我。

以人为镜，尤其是对我们有重要影响力的人，他们对我们的态度和评价是我们了解自己的一条重要途径。职场中领导、同事、客户的评价都可以作为我们认识自我的重要参考。

（2）通过与他人的比较来认识自我。

将自己和他人进行比较可以发现自己的优势和不足。既要与水平相近的人比，也要与强者比，在与强者的比较中，可以发现自身的问题，而后取长补短，缩小差距。和优秀的人比较，可以让我们更清楚自己的努力方向。

（3）通过自我观察来认识自我。

我们要做一个有心人，细心观察并经常反省自己在工作中的点滴表现，尝试与自己的内心对话，总结自己是一个什么样的人，找出自己的优缺点，学会客观、辩证地看待自己，不要以偏概全。

知识链接

"伤痕"实验

（4）通过自我比较来认识自我。

除了通过与他人的比较来认识自我，还可以从比较自己的过去、现在来认识自我。一方面应努力超越过去，在原有基础上有所进步，不满足于已经取得的成绩；另一方面根据自己的实际情况制定恰当的发展目标，目标要符合实际，不要过于苛刻。既要从自己的过往中了解自己，又要用发展的眼光看待自己。

2. 完整接纳自我

完整接纳自我，即要积极地悦纳自我，这是自我意识健康发展的关键所在。一个人只有面对真实的自我，才能真正做到自尊自爱，珍惜自己的人格和名誉，注重自我修养。

接纳自我不仅要接纳自己的优点，也要接纳自己的缺点。有的人只能看见自己的缺点，活得自卑痛苦；有的人觉得自己全是优点，问题和缺点都是别人的,自负满满。自卑和自负,都不利于自身的长久发展。只有全面看待自己的优缺点,才能在与人交往中做到进退有度。

3. 努力完善自我

完善自我是个体在认识自我、接纳自我的基础上,自觉规划行为目标,调节自身行为,积极塑造人格,以实现全面健康发展的过程。一方面要确立合理的理想自我,即按社会需要和个人特点来确立自己的发展目标。这个目标既要有一定高度,又要切合实际。理想自我和现实自我之间存在差距,合理的差距能使人不断进步、奋发向上,但如果差距过大,则会导致心理问题。另一方面要努力提高现实自我,即要努力学习文化知识,积极参与社会实践,利用每个机会成长。完善自我是长期过程,只有持之以恒,才能使现实自我不断向理想自我靠拢,最终实现自己的人生目标。

(二) 保持积极职业心态

有的人在工作中遇到不如意的事情很容易产生消极心态,甚至消极怠工。我们要学会正确对待压力,微笑面对困难,做一个充满正能量的人。

1. 运用积极思维

凡事要朝好的方向想,用积极的思维面对。通常,人们焦躁不安是因为碰到了自己无法控制的局面。有些悲观的人,在烦恼袭来时,总认为自己是全世界最不幸的人,谁都比自己幸福。然而,一个人在某方面或许是不幸的,但在其他方面仍然可能是幸运的。要把注意力集中在光明的一面,做一个积极向上的人。

【案例分析】

有位太太请了个油漆匠到家里粉刷墙壁。

油漆匠一进门,看到她的丈夫双目失明,顿时流露出怜悯的眼光。可是男主人一向开朗乐观,所以油漆匠在那里工作了几天,他们谈得很投机,油漆匠也从未提起男主人的缺憾。

工作完毕,油漆匠取出账单,那位太太发现在谈妥的价钱上打了一个很大的折扣。

她问油漆匠:"怎么少算这么多钱呢?"

油漆匠回答说:"我跟你先生在一起觉得很快乐,他对人生的态度,使我觉得自己的境况还不算最坏。所以减去的那一部分算是我对他表示一点谢意,因为他使我不会把工作看得太苦!"

油漆匠对她丈夫的感激使她落泪,因为这位慷慨的油漆匠只有一只手。

(摘自梁利苹、徐颖、刘洪均主编:《大学生心理健康教育》,清华大学出版社2017年版)

即使我们无法改变环境,我们仍可以改变心境,自己主动调整态度来适应周围的变化比让外部环境改变以迁就自己要简单得多。

2. 不要过分追求完美

人无完人。过分追求完美,会让人畏首畏尾,裹足不前,也容易伤害自己和他人的关系。适度追求完美,享受努力过程中的点点滴滴。同时,不要太挑剔。挑剔的人常给自己戴上精益求精的"高帽子",也会给身边的人带来困扰。

3. 正确面对逆境

当我们遇到逆境时,心情浮躁、悲观是无济于事的,要冷静地进行分析,直面发生的一切,放下不必要的包袱,并尝试重新规划更为合理的目标和方案。

4. 微笑面对一切

英国有句谚语:"一副好的面孔就是一封介绍信。"发自内心的微笑有助于发展良好的人际关系,塑造乐观的心态。当你看到面带微笑的人时,会感到对方的自信、友好,从而被感染也和对方亲近起来。微笑能够鼓励他人,减少陌生与隔阂。

5. 学会心存感恩

有心理学研究表明,把自己感恩的事物表达出来能够扩大人的快乐。我们可以经常思考生命中值得感恩的时刻,特别是当自己陷入负面情绪的时候;还可以把值得感恩的事记下来,在恰当的时候把这份谢意传达给他人。

(三) 维护职场人际关系

在职场中,要学会及时觉察并反省自己的言行,让自己尽快适应复杂的职场人际关系,增强自己的职场生存能力。

知识链接

人际交往的黄金规则和白金规则

1. 遵守人际交往的原则

(1) 平等尊重。

"爱人者,人恒爱之""己所不欲,勿施于人",与人交往要尊重别人的人格、尊严。那些喜欢对别人指手画脚、说三道四的人和在别人面前趾高气扬的人是不讨人喜欢的。比如有的新员工自认为学历高,瞧不起一些学历低的老员工,但新员工欠缺的实践经验正好是老员工所具备的。新员工要尊重老员工,努力从他人身上学习自己不具备的东西,这样才能助力自己更快地成长。

拓 展 阅 读

公元前521年春,孔子得知他的学生宫敬叔奉鲁国国君之命,要前往周朝京都洛阳去朝拜天子,觉得这是个向周朝守藏史老子请教"礼制"学识的好机会,于是征得鲁昭公的同意后,与宫敬叔同行。到达京都的第二天,孔子便徒步前往守藏史府去拜望老子。

正在书写《道德经》的老子听说誉满天下的孔丘前来求教,赶忙放下手中刀笔,整顿衣冠出迎。孔子见大门里出来一位年逾古稀、精神矍铄的老人,料想便是老子,急趋向前,恭恭敬敬地向老子行了弟子礼。进入大厅后,孔子再拜后才坐下来。老子问孔子为何事而来,孔子离座回答:"我学识浅薄,对古代的'礼制'一无所知,特地向老师请教。"老子见孔子这样诚恳,便详细地抒发了自己的见解。

回到鲁国后,孔子的学生们请求他讲解老子的学识。孔子说:"老子博古通今,通礼乐之源,明道德之归,确实是我的好老师。"同时还打比方赞扬老子,他说:"鸟儿,我知道它能飞;鱼儿,我知道它能游;野兽,我知道它能跑。善跑的野兽我可以结网来逮住它,会游的鱼儿我可以用丝条缚在鱼钩来钓到它,高飞的鸟儿我可以用良箭把它射下来。至于龙,我却不能够知道它是如何乘风云而上天的。老子,其犹龙邪!"

（2）宽容待人。

与人相处时心胸要宽、气量要大,不要斤斤计较,不要苛求他人,不要固执己见,要学会宽容,学会克制和忍耐,学会理解。在合理范围内尽量宽容别人,设身处地地为他人着想。宽容是大度,是建立人际关系的润滑剂,能"化干戈为玉帛",赢得更多的朋友。

拓 展 阅 读

六尺巷道

清康熙时,文华殿大学士、礼部尚书张英世居桐城,其府第与吴宅为邻,中有一属张家隙地,向来用作过往通道,后吴氏建房子想越界占用,张家不服,双方发生纠纷,告到县衙,因两家同为显贵望族,县令左右为难,迟迟不予判决。张英家人见有理难争,遂驰书京都,向张英告状。张英阅罢,认为事情简单,便提笔蘸墨,在家书上批诗四句:"千里修书为一墙,让他三尺又何妨。万里长城今犹在,不见当年秦始皇。"张家得诗,深感愧疚,毫不迟疑地让出三尺地基,吴家见状,觉得张家有权有势,却不仗势欺人,深感不安,于是也效仿张家向后退让三尺。便形成了一条六尺宽的巷道,名曰"六尺巷"。两家人也握手言和皆大欢喜。这就是"六尺巷道"故事的由来。张英失去的是祖传的几分宅基地,换来的却是邻里的和睦及自己的美名。

（摘自蔡代平、刘一鸣主编:《高职学生心理健康教育教程》,高等教育出版社 2013 年版）

（3）诚实守信。

诚实守信是人与人交往的基础,是从道德方面对人际关系提出的要求。周恩来总理曾说过:"自以为聪明的人往往是没有好下场的。世界上最聪明的人是最老实的人,因为只有老实人才能经得起事实和历史的考验。"在职场中更要以诚待人。为人真诚才能和同事搞好关系,也才能得到他人的尊重与友善的对待。

(4) 互惠互利。

心理学家霍曼斯在 1961 年提出，人与人之间的交往本质上是一个社会交换过程，人们希望交换对自己来说是值得的，希望在交换过程中至少得等于失，所以人们的一切交往行动及一切人际关系的建立与维持都是根据一定的价值观进行选择的结果。对于值得的，或是得大于失的人际关系，人们倾向于建立和保持；而对于感觉不值得的，或是失大于得的人际关系，人们就会选择逃避、疏远或终止。因而人际交往是双向的，只有单方获得好处的关系是不能长久的。要建构良好的人际关系，双方都要付出，并从中受益。

2. 养成利于交往的个性

(1) 提升人格魅力。

一是要提高个人内在修养，包括加强自身道德素质修养和文化知识理论修养。二是要提高个人的外在修养。一个人得体的外表、温和的风度会给别人留下好印象，并产生继续交往的动力。

(2) 塑造良好的心理品质。

一是要积极乐观。积极主动地与他人交往，有利于学到更多的东西弥补自身不足。二是要自信。要注意把握好自信的度，过分自信就是自大，会引起别人反感。三是要主动交往。很多人并不抗拒与人交往，但是碍于面子、不好意思或者其他等因素不敢主动与人交往。要想与别人形成良好的人际关系，就要主动接触别人，与别人多互动，提高别人对自己的熟悉程度，互动得越多也就越熟悉，彼此的关系才会越密切。四是要热情待人。为人热情是最能打动他人的特质之一。一个热情的人很容易把自己的良性情绪传递给别人，也更容易被人接纳。

3. 掌握人际交往技巧

(1) 注重第一印象。

第一印象即首因效应，它往往是深刻而牢固的，一经建立会对后来获得的信息产生强烈的定向作用。后来的信息与第一印象一致，就会得到强化；与第一印象不一致,人就会倾向于远离,以免引起内心冲突。因此,要认真对待第一次求职面试或入职面谈、第一天上班、第一次与客户会面等,尽可能给对方留下良好的第一印象,以便后续获得领导的肯定、同事的接纳、客户的信任,工作才能更加顺利。

（2）善用交谈技巧。

一是要有效交流,注重交流的内容。话不投机半句多,所以,跟别人有效交流的重点在于共同话题。我们平时要注意多学习多积累,扩大自己的知识面,这样与不同的人交往时就能快速找到共同话题。

二是要讲究语言的艺术性。交往中难免会产生一些小误会和矛盾,这时候如果善于运用交谈的艺术来打破僵局,就能及时有效地化解误会或矛盾,保持良好的人际关系。

三是要巧用神态、语气和肢体动作等方式。不同的表情、语气来表达同样的一句话,效果是不同的。

（3）掌握倾听技巧。

有这么一句话:"我们两年学说话,一生学闭嘴。懂与不懂,不多说。心乱心静,慢慢说。若真没话,就别说。"职场中,多听少说,才能以退为进,得到同事们的信任,自然能和大家相处得好。

我们在倾听别人说话时要注意力集中,表情自然,可以注视对方的眼睛,不时用微笑、点头来表示自己在认真听对方说话。如果在倾听时想要表达自己的观点,则要选择合适的时机,并征求对方的意见,不要随意打断别人说话。如果随意打断,也不管别人对自己的想法是否感兴趣,只顾一吐为快,这样是不礼貌的,会引起别人的反感,不愿进一步深交。

（4）学会赞美别人。

在职场中,经常赞美同事,为他们取得的进步与成果感到高兴。他们也会从内心感谢你,喜欢你,人际关系自然就好了。

渴望被人赏识和认可是人普遍的、突出的心理特征。真诚的赞美是充分肯定别人的优点和长处,能够满足人们对于被尊重、赏识的心理需要,从而获得精神上的激励和鼓舞。如果经常指责他人，批评他人，就会变得孤立无援。我们要仔细观察别人的长处，发现别人的优势，自然真实、热情诚恳地给予赞美，虚情假意的溜须拍马会起到反作用，令人觉得不舒服。

（5）把握社交距离。

同事之间保持一定的距离是很必要的。有的人与别人处熟了就丢掉了分寸感，一旦这样，关系就容易出现裂痕。人与人之间的距离要适度，太近可能会有摩擦，太远又难免生疏，要想将这个距离保持好，就要用心学习交往技巧，细心观察身边的人和事，体验人际关系的微妙之处。在职场中，把握好人与人之间的距离，进退有度，举止得体，有利于职业生涯开启新局面。

人际交往的距离

（四）做好职场情绪管理

情绪对心理健康是至关重要的。几乎每一种心理疾病都有情绪上的表现。稳定积极的情绪，使人心情愉悦、精力充沛，对生活充满信心。而如果一个人情绪波动很大，喜怒无常、经常处于负面情绪当中，自己又缺乏情绪管理的技巧，不会对情绪进行控制和调节，就会导致心理失衡甚至心理危机。

情绪管理是个体对情绪进行控制和调节的过程，对我们的身心健康、日常学习、生活有重要作用。在职场中正确地管理和表达情绪，是调整心态、提升情商、事业发展顺利的重要保障。

知识链接

情绪智力

【案例分析】

刘扬从某大专机械制造与自动化专业毕业后，任职于某机械制造公司的产品质量管理员岗位。在他工作3个月后，因为一次对产品质量把关不严，受到质检部领导的批评，还被扣除了一定比例的当月奖金。刘扬很委屈也很生气，觉得自己工作一向踏踏实实、勤勤恳恳，这次只不过是不小心犯了一个小小的错误，奖金就被扣了，便愤而辞职，离开了这家公司。

刘扬辞职的这种情况在职场中是比较常见的。很多职场新人还比较冲动，受不得一点委屈，甚至领导严厉一些，他们就难以接受。这其实反映了职场新人情绪管理能力不足，对情绪的掌控不够成熟。

在生活中，我们会产生各种各样的情绪，心理健康的人会给情绪留出适当的空间，接纳自己的负面情绪。我们要成为情绪的主人，不让情绪左右思想和行为。

1. 及时觉察情绪

觉察情绪是管理情绪的第一步，如果不能及时觉察情绪，情绪管理将无从做起。然而在生活中，很多人往往难以准确识别和理解自己的情绪。为了更好地管理和调控自己的情绪，我们可以学习一些觉察情绪的方法。

（1）观察身体反应。

情绪的产生往往伴随着生理反应。当我们感到开心时，可能会笑容满面；而当我们感到紧张或焦虑时，可能会心跳加速、手心出汗。感到不适时，可以尝试平静下来，仔细感受身体的反应。例如，一个员工发现自己在向领导汇报工作时脸上发热、心跳加快，就可以觉察到自己当时是太紧张了。

（2）分析情绪来源。

了解情绪的来源，有助于我们更深入地理解自己的情绪。当我们感受到某种情绪时，可以尝试分析这种情绪是由什么引起的：是因为某件具体的事，还是因为我们对他人的态度或行为的解读？通过分析情绪来源，可以更清晰地认识自己的情绪，并找到合适的方法来处理。例如，一个员工觉察到自己一想到工作就非常焦虑，通过分析知道他是担心自己做不好工作，而内心又很想把工作做好，知道了原因他也就坦然接纳自己的焦虑情绪了，也能找到更合适的方式对其进行调整。

（3）记录情绪日记。

记录情绪日记是一种有效的觉察情绪的方法。每个人的情绪都有不同的模式，即使是同样的情绪，触发原因、发展程度、客观表现、主观体验都可能不同。通过记录情绪日记，可以更好地了解自己的情绪特点和规律，还可以帮助我们回顾过去，从而更加深入地认识自己。情绪日记通常包括事件、感觉、情绪、想法和行动等五方面内容，既可以用一段话来记录，也可以做成表格。

（4）寻求他人反馈。

有的时候，我们的情绪可能不能被自己准确觉察，但他人可能更加敏感地觉察到。因此，寻求他人反馈也是觉察情绪的一种方法。我们可以向亲朋好友、心理咨询师等寻求反馈，了解他们的看法和建议，从而帮助我们更加全面地认识自己的情绪。

2. 正确表达情绪

情绪对人的影响有两面性。积极情绪能激发人的自信心、创造力、适应力等，适度的负面情绪也会让人集中精力，更加谨慎。因此有时出现适度的负面情绪并不是坏事，反而能促进我们综合处理各种信息。比如，适度焦虑反而让我们能更加认真地复习迎考。遇到不顺心的事情，产生负面情绪时，要学会正确表达情绪，这样不仅可以缓解紧张，还可以避免坏情绪的累积。在表达情绪时我们要注意就事论事、对事不对人。正确表达自己的情绪要注意下面几点。

知识链接

负面情绪的
积极意义

（1）适时表达情绪。

了解自己的情绪感受，并在适当的时候表达出来，是很重要的。当对方无暇顾及或聆听时，最好的办法就是换个时间来讨论自己的情绪问题。如果他人没有心情、没有时间去关注你的情绪，你自己也没有意识到这点，那么你们的沟通可能会受阻，你的情绪就可能得不到对方的理解。时机是否恰当对情绪表达的效果有很大的影响。

（2）适地表达情绪。

正确表达情绪要选择合适的地点。比如与同事产生矛盾以后，可以寻找隐秘性好的地点，诚恳地进行交流。

（3）选择倾诉对象。

根据事件的发生情况，要选择合适的倾诉对象，将自己的情绪感受表达出来,以帮助自己走出困扰。如果遇到自己很难冷静下来的情况,这时候最好请和这件事无关的人来帮助自己从中立的角度看待问题。

（4）适度表达情绪。

适度表达自己的情绪,能使我们的情感处于更加平衡的状态。范进中举、周瑜气绝身亡都是情绪表达过度的结果。适度的情绪宣泄是理性地把不良情绪释放出来,使心态趋于平和。

3. 克服消极情绪

（1）合理宣泄。

有的人认为应该压制不良情绪,但这样会累积太多的痛苦导致猛烈的爆发,对人的身心影响更大。因此,我们要学会合理宣泄负面情绪,比如可以采用哭泣、倾诉、喊叫、运动、写作等方式在合适的场所表达出来。

（2）巧妙转移。

人的情绪容易受外在环境的影响。如果我们觉察到自己的情绪不好,就可以选择去做一些自己喜欢的,或是能让自己专心的事情来分散注意力,从而暂时撇开不愉快的情绪。比如和朋友聚会、做手工、看书、睡觉、听音乐、看电影、逛公园等。

（3）自我安慰。

为了减少内心的痛苦和不安,可以用"塞翁失马,焉知非福""胜败乃兵家常事"等话语进行自我安慰,这样有助于减轻烦恼、消除焦虑、总结经验、吸取教训,达到自我激励的目的,维持情绪的安定平和。还可适度借用"酸葡萄""甜柠檬"心理等安慰自己,以更好地调适情绪。

拓 展 阅 读

"酸葡萄"与"甜柠檬"心理

"酸葡萄"心理:通俗讲就是"吃不到葡萄就讲葡萄酸"。这是个体所追求的目标受到阻碍而无法实现时,以贬低原有目标来冲淡内心欲望,减轻焦虑情绪的效应。

"甜柠檬"心理:与"酸葡萄"相对应,当个体所追求的目标受到阻碍而无法实现时,为了保护自己的价值不受外界威胁,维护心理的平衡,当事人会强调自己既得的利益,淡化原来目标的结果,以减轻失望和痛苦。

现实中绝大多数人都有"酸葡萄"心理。比如,同学甲看到同学乙因成绩好拿了奖学金,就对其他同学讲:"学习成绩好有什么用?将来走上社会顶多是个书呆子,成不了气候!……"

存在"甜柠檬"心理的人也不少。比如,同学甲在做了充分的准备后参加了文艺比赛但只获得了个鼓励奖,而同班同学乙获得了一等奖,同学甲就对其他人说:"其实我并没有准备拿名次,我给自己所定的目标就是站在舞台上展示自己,拿个鼓励奖就够了……"

两种心理反应在一定程度上可以通过自我暗示达到减压的效果,从这一角度上讲,这两种心理反应对我们是有益的。但是任何事物都有两面性,要注意不能矫枉过正,当现实摆在面前,正视它、面对它、解决它才是真正重要的。

（4）学会升华。

"盖文王拘而演《周易》;仲尼厄而作《春秋》;屈原放逐,乃赋《离骚》;左丘失明,厥有《国语》;孙子膑脚,《兵法》修列……"（司马迁《报任安书》）这种将强烈的冲动转化为完成有意义、有价值、积极事情的力量,就是升华。

升华是对不良情绪的一种高水平的调适,通过其他事情的成功来改变自己的心境。比如一个人因失恋痛苦万分,但他没有因此消沉,而是把注意力转移到工作上,立志要有所成就。

（5）调整认知。

认知对人的情绪、行为起关键作用。如果人的认知发生错误,就可能导致错误观念和消极情绪的产生。

知识链接

不合理信念的特征

美国心理学家阿尔伯特·艾利斯（Albert Ellis）于 20 世纪 50 年代创立理性疗法,又称合理情绪疗法。他认为外界诱发事件 A（activating event）,并不是导致人们情绪和行为反应 C（consequence）的根本原因,人们的认知 B（belief）才是产生情绪和行为反应的主要因素,这就是"情绪 ABC 理论"。因此,当人出现负面情绪时,通过改变不合理的认知便可调整人的情绪和行为。

合理情绪疗法的步骤如下:确定引发情绪的事件(A),自己对此事件的想法(B),该想法所引发的情绪(C),对原想法的不合理成分进行驳斥(D),建立理性的想法和适当的情绪(E)。

课程视频

情绪 ABC 理论

下面简单举一个例子。

事件(A):最近工作出现一次失误。

原想法(B):我真是没用,工作没有前途了。

引发的情绪(C):担心、焦虑、自卑。

驳斥原想法的不合理性(D):这次失误不代表以后一直失误,这次工作没做好也不代表"我笨""我没用",这是犯了以偏概全的错误。

建立理性的想法(E):这次工作没做好不代表"我笨""我没用",这次失误的原因是自己考虑不周到,不够细心,下次对待工作再细致一些就不会失误了。

建立理性情绪(E):自信。

再如,面对领导的高要求,不要将其认为是对你的挑剔和为难,从而产生不满情绪,而是要转变认知,将其当作领导对你的信任和考验。克服这些困难,你的能力又会得到提升,这样想就可以化解原来的消极情绪。

(6) 放松训练。

放松训练也叫松弛练习,通过将全身心调整到轻松舒适的自然状态来增强人对情绪的控制能力,达到稳定情绪的目的。常用的松弛练习有呼吸放松、肌肉放松、想象放松、静坐冥想等方式。

第一,呼吸放松法。基本步骤如下。

① 吸气。鼻式呼吸,缓慢并深深地按"1—2—3—4"吸气,约 4 秒钟使空气充满肺部,想象空气顺势而下进入腹部,腹部随着吸入的空气慢慢地鼓起。

② 抑制呼吸。吸足气之后,稍微屏息一下,想象吸入的空气与血管里的空气进行交换。

③ 呼气。口鼻同时将气从腹部慢慢地自然吐出。

情绪紧张的时候,往往只要进行 2—3 次的深呼吸,就可以起到放松心情的效果。

第二,肌肉放松法。比如,保持站立,闭上双眼,双手握拳,双肩高耸,牙关咬紧,坚持十几秒,再放松。

第三,想象放松法。通过唤起宁静、轻松、舒适情景的想象和体验,来减少紧张、焦虑,引发注意集中的状态,增强内心的愉悦感。比如,想象自己躺在温暖阳光照射下的沙滩上,迎面吹来阵阵微风,海浪轻轻地拍打着岸边;或者想象自己漫步在森林里,清新的空气里弥漫着淡淡花香,小鸟快乐歌唱,溪水缓缓流淌,令人心旷神怡。

知识链接

静坐冥想的好处

第四,静坐冥想法。静坐时将意识专注于一个点,保持觉知。无论当下觉知到什么,包括外界环境变化、身体感受变化、情绪思想变化等,都保持纯粹的觉知,不抗拒不批判。

(7)音乐疗法。

音乐被称为人体的"特种维生素"。研究表明,不同的音乐旋律,可以分别起到镇静、止痛、降压等有利于保健和康复的治疗作用。我们可以根据自己的需要,选择适合的音乐来调节自己的情绪。如心情忧郁时,可以听听《渔舟唱晚》《蓝色多瑙河》等旋律轻快、悠扬的音乐。

(8)幽默疗法。

很多时候,适当得体的幽默话语,可以消除忧虑、稳定情绪,还可以帮助我们摆脱尴尬和困境,增强自信心。名医张子和曾用使人发笑的办法治愈了一个人的怪病。当时有个官吏的妻子,精神失常,不吃不喝,只是胡叫乱骂,不少医生使用各种药物治疗了半年也无效。张子和则叫来两个老妇人,在病人面前涂脂抹粉,故意做出各种滑稽的样子,这个病人看了不禁大笑起来。第二天,张子和又让那两个老妇人表演摔跤,病人看了后又大笑不止。后来张子和又让两个食欲旺盛的妇人在一旁进餐,一边吃一边对食物的鲜美味道赞不绝口,这个病人看见她俩吃得津津有味便要求尝一尝。从此她开始正常进食,怒气平息,病全好了。

(五) 主动调适职场压力

压力这一概念最早由加拿大生理学家汉斯·塞里(Hans Selye)于1936年提出,他认为压力是由紧张刺激引起的,伴有躯体机能以及心理活动改变的一种身心紧张状态。后来他将压力应用于医学领域,通过多次临床和实验研究,提出了压力和全身适应综合征的理论,受到了医学界的重视,之后也受到心理学研究的关注。

知识链接

塞里的生理
反应模型

职业压力又称职业紧张、工作压力,是指工作者由于工作或与工作有关的因素所引起的压力。在一个5 000余名职场人士参与的职场压力调查中,48.6%的职场人表示压力很大。他们认为自己的职场压力主要来自以下五个方面。

第一,升职加薪不顺利。升职加薪不顺利是职场压力最大的因素,超过六成的被调查人员认同这一观点,这也是引发员工跳槽的最主要原因。

第二,新人的冲击。随着社会的快速发展,新人大量涌入使得职场人士的职业压力也越来越大,新人不但年轻,精力旺盛,有工作动力,而且拥有更高的学历,掌握更新的工作技能,能够更有效地完成新任务。

第三,工作量太大。不少人都背负着难以实现的目标、计划和指标。

第四,上司要求苛刻。一些上司对下属的要求十分苛刻,凡事要求完美。但苛刻要求的背后并没有对等的尊重与报酬。

第五,职场人际关系复杂。在职场中,会做人比会做事更重要。如果处理不当,就会给自己的事业发展带来重重困难。

如果人们在职业竞争中长期、反复地承受较强的压力,以致超出机体能够承受的极限,就会对机体造成病理性的损伤,比如出现疲劳、失眠、烦躁、食欲不振、精神难以集中、记忆力减退等症状,但是体检又查不出明显的器质性病变,这就是压力导致的内分泌、免疫功能失常,也就是压力适应综合征。"过劳死"是压力适应综合征的极端表现。

面临压力时,我们要主动采取有效措施进行调节,将压力转变成动力,使自己具有一定的心理弹性,维护好自身的心理健康。

（1）消除压力源。

在工作过程中对工作者的工作适应、紧张状态产生影响的各种刺激因素,都可以算作压力源,包括工作本身及与工作相关的因素,如工作条件、工作环境、工作负荷、人际关系等。从根本上消除压力源是最理想的控制压力的方法,也可以采用回避的方法远离压力源,改变环境,减少心理压力。比如有的工作实在压力太大再怎么努力也无法应对,或者精力有限难以应对,可以适当做些调整,放慢工作节奏,适度减少工作量,或是考虑换个工作,等等。

（2）增强应对能力。

运用放松技术、深呼吸、慢走等方式可以减轻压力反应,也可以充分利用业余时间主动学习一些专业知识,练习专业技能,提升专业能力。随着个体应对能力的增强,压力会变小,困难也变得易于应对了。

（3）做好心理准备。

事先获得有关压力的信息,使个体有充分的心理准备,可以有效地减轻压力反应。现在社会竞争越来越激烈,找工作不易,干好工作也不易,做好这样的心理准备,在面临工作压力时,就更容易调整自己的心态,以更积极的态度面对压力。

（4）制定合适目标。

每个人都有成功的欲望,但每个人的能力、机会是不一样的。心理健康的人能够对自己的能力做出客观的评价,并依此制定对自己来说比较合适的奋斗目标,通过努力,最终实现目标,获得成功的体验。这种状态对于维持人的心理健康是非常重要的。相反,如果一个人仅仅凭借一时冲动,没有对客观条件与自我潜能进行合理评估盲目制定目标,却不能实现这个目标,反而心理上会受到打击。

（5）构建支持系统。

人与人之间需要互相关心、帮助、爱护,这是一种社会支持。良好的社会支持可以为我们提供有效的问题解决策略和情感安慰,降低压力的消极影响,减少诸如头痛、消化不良等一系列压力导致的生理不适。因此,在面对心理压力时,可以向信任的家人、朋友等倾诉。既可以是寻求感情上的支持,如同情、理解、照顾,也可以是寻求物质、信息上的帮助。必要时还可以求助专业心理咨询师,以减少心理障碍,保障心理健康。

（6）充分挖掘潜能。

面对压力时我们要充分挖掘自己的潜能,把自己的优势和能量激发出来,活出精彩人生。面临任务重、时间紧、不熟悉、无从下手、缺乏条件等困境时,我们要相信自己,鼓励自己可以做到,发挥潜能,完成工作任务。研究表明,正常人脑的记忆容量约为 6 亿本书的知识总和,相当于超大型计算机存储量的 120 倍,若发挥一小半的潜力,就可轻易地学会四十余种语言、记忆百科全书及获得 12 个博士学位。尽管这个结果是一个研究推论,但至少可以说明人的潜力是巨大的,就像爱因斯坦这样的天才,一生也只用了 2% 左右的脑力,因此,我们可以勇敢地去尝试新的领域、新的挑战。

（六）有效应对职业倦怠

职业倦怠是员工长期承受压力、工作单调枯燥等出现疲倦、滞怠、低落的身心状态。出现工作倦怠后,人们常常会感觉消极失落、没有兴致,感受不到工作的意义、成就,出现厌烦情绪。在这种消极情绪的影响之下,还会出现机械迟缓、不想行动、效率低下等情况,这些都会严重地影响个人的职场发展。

【案例分析】

没完没了的"闲事"让她"透不过气"

蒋晓是公司综合部门的一位内勤人员,她每天的工作就是打印资料,收发、登记文件,以及发放各部门的办公用品等,非常轻闲。工作量不大,但每天的"战线"拉得很长,她早上要在所有的人之前到达公司,等大家都下班了,才能离开单位,每天在公司待的时间差不多有 10 个小时。刚入职时,蒋晓满腔热情,积极满足大家的需求;可工作了半年,她发现这项工作很琐碎,很无聊,毫无成就感。她觉得自己的人生就是一眼望得到头的那种。

"我现在每天早上起床后想到要去办公室,就烦躁不安,心灰意冷。"蒋晓说,每天早上,只要打开办公室的大门,就浑身冒冷汗,十分不自在,感觉自己脸上的肌肉都是僵硬的。这种一成不变的日子,什么时候是个头啊? 想到这里,蒋晓就觉得透不过气来。有一天大早,蒋晓就接到总务部门的电话,要她送20只材料袋过去;材料送过去,人还没有回到办公室,主管就问她在哪里,要她去楼下取一个重要快件;取完快件回来,公司的副总又让她送一打一次性茶杯到会议室,说是来了访客……一个上午,她忙得脚不着地,做的都是"闲事",没有任何"成绩"。蒋晓的情绪低落到了极点。现在的蒋晓,工作中一点兴奋点也没有,整天一副冷面孔,同事找她,她都是爱理不理的。"这份工作让我像个行尸走肉,我连逛街、看电影、陪父母的心情都没有了。"蒋晓说,"我怎么会活成这个样子,我很郁闷,我的出路在哪里,我又该如何活下去?"

蒋晓由于工作单调枯燥、琐碎无聊,找不到工作的意义和成就感,出现烦躁不安、情绪低落、心灰意冷、无心工作的情况,就是典型的职业倦怠。

正确应对职业倦怠可以从以下几个方面入手。

1. 探寻新的工作意义

同样的工作内容,有些人每天都斗志昂扬,有些人却感到厌倦无聊。什么原因让同样的工作在不同的人眼中有不同的看法? 是思维方式。我们要转换思维,看看是否可以从个人的职业价值感与工作意义方面,找到一些可以有效自我刺激的理由。这样进行了认知上的调整,郁闷的心境、不良的情绪也会随之得到改善。

当你觉得自己是在做一件有价值、有意义的事情的时候,也许你就不会再认为工作是一件无聊的事情了。思维方式决定着我们对事物的看法,换一种思维,你的人生就会发生很大的改变。比如,转变思维,想着工作是自己选择做的,是为了自己而工作,认清工作对自己的价值,那么对工作的态度可能就会不同了。比如,有个员工也曾每天抱怨工作太苦太累,每天都不想上班。有一次,领导告诉他,不喜欢这份工作可以不干,你工作是为了自己不是为了公司。他猛然醒悟过来,之后他认真对待自己的工作,不久便得到了升职加薪的机会。

2. 设定目标奖励机制

很多人在职场中迟迟走不出倦怠期,其实多数是因为自己没有职业规划和目标,随遇而安,缺乏走出困境的力量。当你为自己的职业做了规划,或者有明确的目标时,你就会朝着目标持续前进,中间的倦怠期也不会让你停留得太久,因为有目标在吸引你前行。人没有了目标,就失去了前进的动力,很容易造成职业道路上的原地踏步,久而久之便容易产生厌倦的情绪。因此,我们应根据自身的实际情况设定一些目标,这些目标包括短期目标和长期目标。长期目标可以是未来自己想在某一领域取得什么样的成就,成为什么样的人。再将实现这个长期目标的过程拆分成若干个短期目标。短期目标可以是以时间为单位的阶段性成长,也可以是某些技能的学习和提升。

当你的目标一个个实现的时候,一定不要忘记好好地奖励自己,阶段性的奖励,会让人产生成就感,也会让人产生持续的动力。

3. 寻找积极的刺激源

工作只是生活的一部分,不是全部。我们可以多培养一些爱好,来弥补工作的单调无聊。比如,可以参加各种有益的文娱活动、体育运动和公益活动,通过肌体运动让我们的身心更加健康。

在条件允许时,给自己放假。可以利用几天时间去自己想去的地方旅游,换个环境,看不一样的风景,放松一下心情。除了工作,我们还要好好地享受生活,旅行带来的美好体验会让你充满活力,重新燃起对生活的热情,这无疑给生活注入了调味剂,让我们的生活不再枯燥乏味。

如果不想出门,在家休息放松也可以,比如给房间做一次大扫除、添置一些新的家居装饰品、尽情地追一部剧、亲手制作几道美食等,也可以约三五好友聚会。职业倦怠归根结底还是心态的问题,只要心态调整好了,倦怠的问题也就迎刃而解了。

4. 进行积极自我暗示

心理暗示的概念最初是由法国医师埃米尔·库埃在 1920 年提出的,他有一句名言:"我每天在各方面都变得越来越好。"心理暗示是指个人通过语言、形象、想象等方式,对自身施加影响的心理过程。心理学的实验表明,当个人静坐默默地说"勃然大怒""暴跳如雷""气死我了"等语句时,心跳会加剧,呼吸也会加快,好像真的发怒了。相反,如果默念"喜笑颜开""兴高采烈""笑死我了"等语句,人的内心会产生一种乐滋滋的感受。当我们在生活中遇到情绪问题时,可以利用语言的暗示作用来缓解不良情绪,保持心理平衡。

因此,当我们在工作中出现一些疲劳、平淡等感觉时,不要立刻就认为自己倦怠了、抑郁了、生病了。这种负面心理暗示会强化我们个性中的弱点,唤醒潜藏在心灵深处的自卑、怯懦、嫉妒等,往往会使本来较小的不适快速发展成真正的倦怠,甚至是抑郁。这种情况下,我们要运用积极的语言进行自我暗示,如"今天我很高兴""我的工作能力很强""我是出类拔萃的""我是最棒的""我具有强大的行动力""我一定能实现自己的美好愿望"等。积极的自我暗示会在不知不觉之中对个体的意志、心理以至生理状态产生积极的影响,令我们保持良好的心情、乐观的情绪与自信心,从而调动人的内在因素,发挥主观能动性。

5. 主动出击寻找出路

如果目前所在的岗位确实让你的能力得不到提升,你从中也学不到新的知识和技能,那么不妨申请调岗或换部门,接触一些新的人和事。也可以选择跳槽到其他公司,但跳槽最好是有准备、有计划的,切忌因工作倦怠而盲目跳槽。

职业倦怠是一种很正常的职业现象,只要我们积极应对,就没有迈不过去的坎。当我们偶尔产生倦怠的时候,及时调整心态很重要。

【训练任务】

任务一　情绪日记

请记录你一天的情绪,并觉察自己这一天的情绪状态以及情绪的作用。

1. 今天起床到现在,你都产生过哪些情绪? 请写下来。

2. 选择其中最强烈的一个,想一想它是怎样产生的。

3. 产生这个情绪以后,你做了什么? 说了什么? 你的行为产生了什么后果?

4. 这个后果是建设性的(有益健康、学习、人际关系),还是破坏性的(有害健康、学习、人际关系)?

任务二　体验情绪的力量

1. 活动目的

通过下面的练习,体会积极的和负面的情绪对一个人的影响。

2. 活动步骤

(1) 请你认真思考,写下自己的 10 个优点,写完之后,用心地默念 3 遍,然后闭上眼睛,在心中再认真地默念 3 遍。

(2) 睁开眼睛,伸出双手请坐在身边的同学压一压,细心体会用力的大小及内心的感受。

(3) 再认真思考,写下自己的 10 个缺点,写完之后,用心地默念 3 遍,然后闭上眼睛,在心中再认真地默念 3 遍。

(4) 睁开眼睛,伸出双手再请刚才的同学压一压,看看有什么感觉,细心体会一下两次压手的用力程度是否一样。

3. 体验结果

默念优点后伸出的手比默念缺点后难压下去。这是因为情绪对人的生理、心理及精神都会产生影响,积极的情绪给人带来力量,消极的情绪能削弱人的力量。

任务三 体验压力

1. 活动目的

体验压力的存在。

2. 活动步骤

(1) 体验压力(热身)。

(2) 学生在教师的引导下从 1～99 报数。要求报数的速度要快,每逢含有"7"或"7"的倍数的数字则不要报数,要拍下一个人的后背,下一个人继续报数。如果有人报的时间太长或报错数或拍错人则暂停,出错的人要接受惩罚。

任务四 寻找社会支持系统

1. 活动目的

学会求助;具有求助意识——遇到压力把求助作为基本策略;想想有哪些可以求助的人,如何获得帮助。

2. 活动步骤

(1) 每人准备一张白纸,在纸上写出自己遇到压力时可以得到别人怎样的支持。

我可以得到来自父母亲人的支持是:＿＿＿＿＿＿＿＿＿＿＿＿＿。

我可以得到同学朋友的支持是:＿＿＿＿＿＿＿＿＿＿＿＿＿。

我可以得到学校老师的支持是:＿＿＿＿＿＿＿＿＿＿＿＿＿。

我还可以得到＿＿＿＿的支持是:＿＿＿＿＿＿＿＿＿＿＿。

(2) 小组交流,依次发言当遇到压力时向谁求助,以及怎样获得帮助。

任务五 总结你需要的职业心理素养

结合所学专业,思考你未来工作中需要哪些职业心理素养,你打算如何培养呢?

项目五

职业安全素养

【引言】

人命关天,发展决不能以牺牲人的生命为代价。这必须作为一条不可逾越的红线。

——2013 年 6 月,习近平总书记就做好安全生产工作做出重要指示

【案例导入】

"火药雕刻师"徐立平:26 年造就大国工匠,其间零事故

他是航天科技集团第四研究院固体火箭发动机药面整形工——徐立平。

药面整形工具体负责什么工作? 这份工作和这位劳动者,又有着怎样不寻常的经历? 我们一起走进大山深处,去了解徐立平的故事。

由高效能火药制作的固体燃料火箭发动机,就出自这里。

徐立平每天上班后的第一件事,就是打开工作间的每一道门,挂好每一个风钩。对他来说,这里的每一道门,都是危险时刻的紧急出口。

"我们是直接接触火药进行操作的,所以说我们工作时无时无刻不处在危险之中。固体火箭发动机是航天火箭的心脏,发动机固体燃料的尺寸和精度,直接决定着火箭的飞行轨迹。"每一枚发动机推进剂的燃烧表面,都必须按照要求精密修整,以达到设计的飞行精度。但是,这种高度敏感的火药很难用机械制造一次成型。火药雕刻师,就成了危险系数最高的职业之一。徐立平说:"雕刻时,每一刀都必须无比小心,整个过程中不能产生一丝的静电和火花。否则,就会发生剧燃甚至爆炸。一旦出现燃烧,会产生几千摄氏度的高温,人的逃生机会几乎是没有的。如果我们的刀具碰到壳体产生了火花,或者我们在操作过程中,因为静电释放产生火花都有可能把它引燃。可以说,我们的生命就掌握在自己的手里。"

仅仅几克的燃料就能剧燃,而徐立平近距离面对的,是重达几十吨的庞然

大物。他的一呼一吸，都必须做到与手和刀的节奏高度一致。"我们这个工作是一个不可逆的过程。不可逆的操作，全凭技师双手的经验感觉。"0.5毫米，是这种固体火药表面精度允许的最大误差，徐立平用手触摸一次，就能准确测出需要切削部分的尺寸，精度误差不超过0.2毫米。

为了尽可能地减少失误发生的可能性，徐立平日复一日地对着发动机练习。只要是休息的时候，他就暗自琢磨如何用力、怎么下刀，一边想一边做着各种比画的动作，甚至连切下时的角度、道具切去的量等等都认真思索练习，手臂酸麻也浑然不觉。他光自己练习不够，还常常借着工作的机会向身旁的人虚心请教，身边的人都对他大为叹服。时间久了，徐立平的刀具都练坏了好多把，他操刀也越来越娴熟，逐渐达到了炉火纯青的境地。甚至轻轻一摸，就能感知怎么切能符合精度。而随着国防技术的要求越来越高，火箭发动机的燃料中加入了越来越多的能量，这就意味着火药切割的危险性也更高。徐立平自己当然可以与时俱进，但他深知只有自己能达到这种程度是远远不够的，需要有一种更实用的技术能够让大家在更加安全和有效率的情况下雕刻火药。他苦思冥想很久，最终决定从刻刀入手。徐立平和工友们一起讨论尝试，想方设法改进现有的刻刀，经过一次又一次的试验，他们终于从一个削水果机上得到灵感。在此基础上，他们又做了适用于切割火药的修改，发明了一套发动机整形专用刀，高效实用，能够把误差控制在0.2毫米之内，就相当于不到两张A4纸的厚度。为了表彰徐立平的贡献，大家把这套刀具称为"立平刀"。

同时，工厂也引进了数控技术，去尝试减少人机之间的直接接触，降低员工工作的危险性，甚至在2005年引进了立式整形机。当时，大家对这种先进的技术还很陌生，实际运用时大家都缺乏经验。徐立平把自己当作一根钉子，哪里需要，自己就在哪里。他积极投身从安装到使用的整个过程，甚至还参与改进其他的生产设备。在长达26年的工作期间，他不断学习数控等领域的知识，白天盯着整形机反复思索，晚上计算各种有关的参数，亲手改进了加装连锁装备、安全设备等20多个设备。

置生死于度外的大国工匠

作为一名航天人,徐立平最令人动容的是他将个人安危置之度外的精神。雕刻火药时,他需要长时间保持一个姿势不变,否则很容易出现失误,因此他的身体长期向一侧扭曲,脊柱已经出现了变形。同时火药含有一定的毒性,徐立平的健康不断受到侵蚀,头发也变得稀少。

除此之外,徐立平还积极面对挑战。1989 年,某重点型号发动机发生了故障,此时的徐立平才工作不到 3 年,可是他积极参与排除故障的工作。在狭小的空间里,他们只能在数量庞大的炸药中用半跪半躺的姿势紧张作业,每次只向外面移出四五克炸药。安全起见,上面规定每人只能铲十分钟,可是徐立平不顾自己的安危,每次最多挖五六分钟,以减少队友的风险。在历时两个月的辛苦努力下,他们终于挖出 300 多千克的火药,成功排除了故障。徐立平几乎把自己的一生交给了航天事业,曾有人问过徐立平,如果有一天他牺牲了,家人怎么办呢?徐立平坚决表示,国家比家人更重要,先有国,后有家。当有人问到他为何有这些勇气的时候,他只是轻描淡写地回答一句:"危险的工作总要有人干。"

2016 年,徐立平被评选为"感动中国"2015 年度人物,颁奖词中说道:"每一件大国利器,都离不开你。就像手中的刀,26 年锻造。你是一介工匠,你是大国工匠。"

其实徐立平就是一个大国工匠的典范,30 多年来,他兢兢业业对待他的工作,勇于挑战,又细心入微,他整形过的产品始终保持着 100% 合格率,而他的安全事故发生率也一直是 0,这种一丝不苟的精神是值得年轻人学习的。

【思考】大国工匠徐立平给了我们哪些人生启迪?

安全是人类生存与发展的最基本要求,是生命与健康的基本保障。安全生产是劳动者安全健康、保证国民经济持续发展的基本条件。有安全才有一切,所以我们要不断提升职业安全素养,主动遵守劳动纪律要求,确保自身和他人的安全。

一、职业安全素养的内涵

（一）职业安全素养的基本知识

1. 职业安全意识

职业安全意识是指个体在职业生涯中对安全问题的认知和敏感程度。具备良好的安全意识，可以帮助个体及时识别和预防潜在的安全风险，避免不必要的安全事故发生。

2. 职业安全知识

职业安全知识是指个体在职业生涯中掌握的关于安全的基本知识和技能，包括安全规定、安全操作流程、安全设备的使用方法等。了解和掌握相关的安全知识，有助于个体快速应对和处理安全事件，保障自身的安全和健康。

知识链接

全国消防日

3. 职业安全技能

职业安全技能是指个体在职业生涯中掌握的与安全相关的技能，包括应急处理、火灾逃生、急救等技能。掌握相关的安全技能，不仅可以保障个体的安全和健康，还可以在紧急情况下提供有效的帮助和支持。

知识链接

消防中的
"四知四会"

拓 展 阅 读

墨菲定律

墨菲是美国爱德华兹空军基地的上尉工程师。1949 年，在一次火箭减速超重试验中，因仪器失灵发生了事故。墨菲发现，事故原因是测量仪表被一个技术人员装反了。由此，他得出的教训是，如果做某项工作有多种方法，而其中有一种方法将导致事故，那么，一定有人会按这种方法去做。换种说法，假定你把一片干面包掉在地毯上，那么这片面包的两面均可能着地；但假定你把一片一面涂有果酱的面包掉在地毯上，那么常常是带有果酱的那面落在地毯上。用简洁的方式表达就是,凡事可能出岔子,就一定会出岔子。这一结论被称为墨菲定律。

墨菲定律道出了一个铁的事实,技术风险能够由可能性变为突发性的事实。事情往往会向你所想到的不好的方向发展,只要有这个可能性。假如有可能发生坏与不好的事情,不管这种可能性有多么的小,它也总会发生,甚至还会并造成最大程度的破坏。

所以墨菲定律揭示的道理,告诉我们对待安全绝不可存在侥幸心理,必须消除一切隐患,确保100%安全。评价一个事物,人们一般有优、良、中、合格、不合格等几个标准。但对于安全,只有100分。

(二) 职业安全素养的重要性

职业安全素养的重要性在于保障工作场所的安全和健康环境,提高工作效率和工作质量,减少人员伤亡和财产损失,推动企业的可持续发展。一个具备职业安全素养的人,能够更好地保护自己和他人的生命财产安全,避免危险的工作环境带来的风险和损失。

在现代社会,职业安全素养已经成为企业和社会对于职工能力的重要考核指标之一。对于企业而言,提高员工职业安全素养不仅可以减少事故和损失,还可以提高企业的形象和竞争力。对于职工而言,提高职业安全素养可以提高自己的职业素质和综合能力,为自己职业生涯的发展打下坚实的基础。例如,工厂生产线上的工人在操作机器时要佩戴必要的劳动防护用品,建筑工人进入工作区域要佩戴安全帽,遵守相关安全规定,避免高空作业时发生坠落等事故。这些举措看似简单,但能有效降低职业安全事故的发生率,保障劳动者的生命财产安全。

(三) 培养职业安全素养的途径

进入企业后,劳动者应不断提升安全素养,确保自身和他人的安全。

1. 牢固树立安全隐患等于事故的意识

安全隐患是指生产经营单位在开展活动时,违反安全生产法律、法规、标准、规程以及安全生产管理规定,或受到其他因素影响,在生产经营过程中存在潜在的可能导致事故发生的危险状态。这种状态包括人员的不安全行为、物品的不安全状态、环境的不稳定性以及管理方面的缺陷等。需要强调的是,安全隐患并非特指行为、物质、环境等本身,而是它们所呈现出的不安全或失控状态。

课程视频

安全素养篇

根据严重程度,事故隐患分为一般事故隐患和重大事故隐患两类。一般事故隐患指那些具有较小危险性且整改难度相对较低的隐患,一经发现,能够迅速采取措施进行整改,从而将其排除。重大事故隐患则指那些危险性较高且整改难度较大的隐患。处理这类隐患需要部分或全部停止产业活动,经过一段时间的系统整改,方能排除。另外,也包括生产经营单位难以独立解决的情况。

知识链接

预防事故之
金字塔理论

拓展阅读

海因里希安全法则

海因里希安全法则,是美国著名安全工程师海因里希(Heinrich)提出的300∶29∶1法则。

知识链接

海因里希多米
诺骨牌模型

这个法则的意思是,当一个企业有300个隐患或违章,必然要发生29起轻度工伤事故或故障,在这29起轻度工伤事故或故障当中,必然包含1起重伤、死亡或重大事故。在安全生产中,有些小的隐患和违章在一次或数十次过程中也许不会导致事故,但是持续地存在隐患和违章,事故终究会发生。侥幸和麻木的思想是很多血淋淋的事故的根源。"不怕一万,就怕万一",很多事故都是从量变的积累到质变的爆发,是从"一万"到"万一"的演变。所以,必须时刻敲响安全警钟。

2.培养良好的职业安全意识

劳动者要自觉培养职业健康安全意识。

(1)了解劳动者享有的安全保障权利。

第一,有关安全生产的知情权。包括获得安全生产教育和技能培训的权利,被如实告知作业场所和工作岗位存在的危险因素、防范措施及事故应急措施的权利。

第二,获得符合国家标准的劳动防护用品的权利。

第三,对安全生产问题提出批评、建议的权利。从业人员有权对本单位安全生产管理工作存在的问题提出建议、批评、检举、控告,生产单位不得因此做出对从业人员不利的处分。

第四,对违章指挥的拒绝权。从业人员对管理者做出的可能危及安全的违章指挥,有权拒绝执行,并不得因此受到对自己不利的处分。

知识链接

常见的
急救知识

第五,采取紧急避险措施的权利。从业人员发现直接危及人身安全的紧急情况时,有权停止作业或者在采取紧急措施后撤离作业场所,并不得因此受到对自己不利的处分。

第六,发生生产安全事故后,有获得及时抢救和医疗救治并获得工伤保险赔付的权利等。

（2）了解劳动者必须履行的安全义务。

劳动者在岗工作需要履行应尽的义务,具体内容包括以下四个方面。

第一,遵纪守法、服从管理。从业人员都要遵守安全生产法律法规和企业内部的安全管理规定,确保在生产经营过程中不违规操作,并服从管理部门的指导和要求。

第二,正确佩戴和使用防护用品。从业人员应当根据工作环境和风险情况,正确佩戴与使用所需的防护用品,以确保自身安全。

第三,接受安全培训,掌握安全生产技能。为了提高安全意识和应对能力,从业人员应定期接受安全培训,以了解安全操作规程和应急处理技能,以便在紧急情况下做出正确应对。

知识链接

隐患之冰山理论

第四,发现事故隐患或其他不安全因素及时报告。从业人员应及时发现并报告工作中的事故隐患或其他可能导致安全问题的因素。这有助于及早发现潜在的风险,采取措施避免事故发生。

履行安全义务不仅有助于保障个人安全,也是维护整体工作环境和生产经营活动顺利进行的重要基础。

　　刚进入工作岗位时,从业人员必须接受安全教育培训,内容包括安全技术知识、设备性能和操作规程、安全制度和严禁事项,考试合格后,方可进入操作岗位。要坚决做到:严格执行安全操作规程,杜绝不安全行为;严禁酒后上岗;不得在烟火区吸烟动火;不得违章指挥和违章作业;对各种防护装置、防护设施和警告、安全标志等不得任意拆除和随意挪动;正确佩戴安全防护用品;对查出的隐患能立即整改的,及时进行整改,在隐患没有消除前,必须采取可靠的防护措施,如有危及人身安全的紧急险情,应立即停止作业;等等。

拓 展 阅 读

职业工作者严禁的两种行为

　　一、禁止在疲劳状态下进行生产操作。在疲劳状态下人的听觉和视觉敏锐度降低,注意力不稳定,注意力的范围变小,注意力的协调控制能力降低。疲劳之后会发生反常反应,如对较强的刺激出现较弱的反应,对较弱的刺激出现较强的反应;疲劳后人的思维和判断的错误增多,对潜在的危险因素和处置的方法考虑不周。因此,当人处于疲劳状态时,就容易发生事故。

　　二、禁止饮酒后进行生产操作。实验表明,血液中的酒精浓度达到 0.03％时,人的能力开始下降;达到 0.08％,错误的动作比常人增加 1.6％;达到 0.09％时,判断力比常人下降 25％;超过 0.1％时大祸很快就要临头了。

葛麦斯安全法则

　　在阿根廷著名的旅游景点卡特德拉尔,有一段蜿蜒的山间公路,其中包含着多达 12 个弯道的 3 公里路段。由于弯道密集,频繁发生交通事故,因此人们称之为“死亡弯道”。从 1994 年通车到 2004 年,这段路发生了 320 起交通事故,造成 106 人不幸丧生。交通运输部门在这段路的入口处设置了提醒牌:“前方多弯道,请减速行驶”,但效果甚微。随后,他们将提醒语改成更为震撼的文字——“这是世界第一的事故段”“这里离医院很远”,然而事故仍频发。

　　就在公路管理局似乎陷入穷途末路之际,老司机葛麦斯的“独家安全秘籍”为他们带来了新的启示。葛麦斯作为驾驶员已有 43 年,不仅从未发生交通事故,甚至连一次违法记录都没有。因此,在他即将退休之际,交通运输部门决定向他颁发一枚“优秀模范驾驶奖章”。

颁奖当天,记者询问葛麦斯:"您是如何做到这样安全驾驶的呢?"葛麦斯答道:"实际上,我每次驾车时都有家人陪伴在我心中。即使乘客看不到他们,但他们始终存在于我的内心。"记者不太理解,葛麦斯微笑着说:"想想你的妻子正在等着你回家共进晚餐,你还需要陪孩子上学,照顾年迈的父母……这样你就会时刻保持谨慎驾驶。"原来,葛麦斯的秘诀就是将对家人的爱放在心中,时刻提醒自己保护他们的安全。

将亲人置于前,唤醒操作者的安全意识,这便是著名的"葛麦斯安全法则"。随后,公路管理局将"死亡弯道"的提示牌内容进行了调整,变为"家人在家等你吃饭,请不要辜负他们的期待";"安全驾驶,不要让那些白发苍苍的父母为你担忧";"你的平安就是对家人最深的情意"。结果,该路段的交通事故发生率大幅下降,2005年仅发生6起交通事故,而2006年和2007年则完全未发生任何事故。

二、职业安全基础知识教育

(一) 了解基础知识

1. 安全生产

安全生产是指在劳动生产过程中,通过改善劳动条件、克服不安全因素、防止事故发生,确保企业生产在保障劳动者安全健康和国家财产及人民生命财产安全前提下顺利进行的过程。它涵盖两个关键方面:一是保障个体的人身安全(包括工人本人和相关人员);二是维护设备的安全,即保障工作场所的安全。

课程视频

安全教育篇

知识链接

安全文化之布莱德利曲线

2. 安全技术

安全技术是为了预防或消除事故危害源,针对生产过程中可能导致危害工人健康或机器设备受损的危险因素,从设计、工艺、生产组织、操作等各个方面采取的一系列技术措施。

3. 安全生产责任制

安全生产责任制是一种制度,根据安全生产法律法规和企业生产实际情况,明确各级领导、职能部门、工程技术人员和岗位操作人员在安全生产方面应该承担的责任和完成的任务。

4. 主要安全职责

主要安全职责包括：① 遵守设备维修保养制度；② 遵守安全生产规章制度和劳动纪律；③ 爱护并正确使用机器设备、工具，适当佩戴防护用品；④ 关心安全生产情况，提出合理化建议；⑤ 及时报告事故隐患和不安全因素；⑥ 在发生工伤事故时抢救伤员、保护现场，协助调查工作；⑦ 学习和掌握安全知识和技能，熟悉工作操作规程；⑧ 积极参与安全活动，树立"安全第一"理念；⑨ 有权拒绝违规指令和冒险作业，对自己的安全负责。

5."三级"安全教育

"三级"安全教育是指新入职员工在公司层面、部门层面、班组层面接受安全教育。

(二) 熟悉有关法律法规

与安全生产有关的法律、法规有《中华人民共和国宪法》《中华人民共和国安全生产法》《中华人民共和国消防法》《中华人民共和国环境保护法》《中华人民共和国刑法》《中华人民共和国全民所有制工业企业法》《中华人民共和国劳动法》《中华人民共和国矿山安全法》《中华人民共和国职业病防治法》等。

我们应熟悉有关劳动保护、安全生产权利、安全生产义务等方面的知识。

1. 劳动保护的具体内容

劳动保护是国家和单位为保护劳动者在劳动生产过程中的安全和健康所采取的立法、组织和技术措施的总称。重在根据国家法律、法规，依靠技术进步和科学管理，采取组织措施和技术措施，消除危及人身安全健康的不良条件和行为，防止事故和职业病，保护劳动者在劳动过程中的安全与健康。其内容包括：劳动安全、劳动卫生、女工保护、未成年工保护、工作时间与休假制度。

2. 安全生产八项权利

(1) 知情权：有权了解其作业场所和工作岗位存在的危险因素、防范措施和事故应急措施。

（2）建议权：有权对本单位的安全生产工作提出建议。

（3）批评权和检举、控告权：有权对本单位安全生产管理工作中存在的问题提出批评、检举、控告。

（4）拒绝权：有权拒绝违章作业指挥和强令冒险作业。

（5）紧急避险权：发现直接危及人身安全的紧急情况时，有权停止作业或者在采取可能的应急措施后撤离作业场所。

（6）依法向本单位提出要求赔偿的权利。

（7）获得符合国家标准或者行业标准劳动防护用品的权利。

（8）获得安全生产教育和培训的权利。

3. 安全生产四项义务

（1）遵章守纪，服从管理。

（2）正确佩戴和使用劳动防护用品。

（3）参加培训，掌握安全生产技能。

（4）发现事故隐患及时报告的义务。

拓 展 阅 读

特殊作业工种内容有哪些？

一、电工作业：含发电工、送电工、配电工、变电运行工、变电检修工、维护电工、外线电工、直流电工等。

二、金属焊接作业：含电焊工、气焊工切割作业。含焊接工、切割工。

三、起重机械作业：含起重机司机、司索工、起重机指挥、电梯司机、安全检测与维修工等。

四、企业内机动车辆驾驶：含叉车司机、装载机司机、小矿车司机、电瓶车司机等。

五、登高架设作业：含2米以上登高作业、脚手架装接和拆除作业、脚手架维修作业等。

六、锅炉作业（含水质化验）：司炉工、（包括常压和有压锅炉或称蒸汽锅炉和热水锅炉）承压锅炉的水质化验工。

七、压力容器作业：含大型空气压缩机操作工等。

八、制冷作业:含制冷设备安装、操作、维修工。

九、爆破作业:含地面工程爆破、井工爆破工。

十、矿山通风作业:含主扇风机操作工、测风测尘工等。

十一、矿山排水作业:含矿井主排水泵工、尾矿坝作业工。

十二、矿山安全检查作业:专职安全检查员等。

十三、矿山提升运输作业:含信号工、把罐(把钩)工等。

十四、采掘(剥)作业。

十五、矿山救护作业。

十六、危险物品作业:含危险化学品、民用爆炸品、放射性物品的操作、运输押运工和储存保管员。

十七、机动车驾驶员。

十八、经国家安全生产监督管理局批准的其他作业。

(三) 确立安全管理意识

在新员工安全教育的过程中,安全管理是一个至关重要的方面。以下是一些关键概念和准则,旨在帮助新员工确立正确的安全管理意识。

1. 安全管理十须知

(1)树立一个核心方针:安全是首要的,预防为主,综合治理。

(2)遵循两大守则:明确自己的岗位职责,严格执行操作规程。

(3)坚守"四不伤害"原则:不伤害自己,不伤害他人,不被人伤害,不让他人受到伤害。

(4)实行"四不放过"原则:不轻易放过事故原因调查,不放过事故责任的查找,不放过职工教育,不放过防范措施的执行。

(5)重视"五个须知":了解工作单位安全重点区域;掌握工作单位安全责任架构和管理网络;熟悉工作单位安全操作规程和标准;认识工作单位存在的事故隐患和预防措施;熟悉并掌握事故应急预案。

(6)坚持"六个不变":始终奉行"安全第一"的理念;企业法定代表人作为安全生产的首要责任人不变;有效的安全规章制度保持稳定;强化安全生产的措

施不变;坚持安全生产一票否决原则;充分依赖员工参与的安全管理方法不变。

(7)进行七个方面的检查:深入了解现状;审查机构架构;评估制度健全性;查看安全记录台账;检查设备状况;发现潜在隐患;考察预防措施。

(8)实施八个结合:将约束机制和激励机制有机结合;平衡突出重点和全面覆盖;整合职能部门管理和全员参与;结合防范微小风险和保障体系突出;融合安全文化传承和持之以恒的实践;结合安全检查和隐患纠正;使责任制度落地与追责机制完善有机结合;强化安全管理与确保安全生产得以确认制度相结合。

(9)确保九个方面到位:领导责任不容忽视;全员接受教育培训;安全管理人员配置充足;规章制度严格执行;技术技能满足要求;防范措施得当有效;检查力度不断加强;整改与处罚有力有序;每个人的安全意识高度保持。

(10)防范十大不安全心理因素:避免侥幸心态;警惕麻痹大意;摒弃偷懒思想;不过于追求个人能力展示;拒绝莽撞行动;保持冷静,不要过于心急;避免情绪影响决策;远离冲动因素;不陷入自满陷阱;理性对待好奇心。

2. 安全生产十不准

(1)严禁不佩戴安全帽进入施工现场。

(2)高空作业时,必须使用安全网,未系安全带禁止施工。

(3)严禁穿着高跟鞋、拖鞋或光脚进行作业。

(4)工作时间内严禁饮酒,醉酒状态下禁止作业。

(5)高空作业中的物料不得随意抛掷。

(6)严禁滥用电源开关,不可以一闸多用。

(7)机械设备在非正常情况下不得投入运行。

(8)必须完善机械设备的安全防护装置,否则禁止使用。

(9)吊车操作需有人指挥,且起落点需清晰可见,不得模糊操作。

(10)在防火区域内严禁吸烟,并务必正确佩戴个人防护用品。

安全在职业工作中永远是第一位的。每一个人都必须切实遵守安全规定,不能有半点忽视。

　　作为培养职业人才的重要基地,高职院校承担着引导学生树立安全意识、掌握安全技能的重要职责。在教学过程中,不仅要注重理论知识的传授,更要注重实践操作的安全教育。通过模拟真实工作场景,引导学生在实践中严格遵守安全规定、正确使用工具设备、应对突发情况等,从而培养他们的安全意识和安全技能。同时,高职院校还应加强与企业的合作,共同推进安全文化的建设。可以通过校企合作、实习实训等方式,让学生在实际工作中感受安全规定的重要性,了解企业的安全管理制度和操作规程,为他们未来走上工作岗位打下坚实的基础。

拓 展 阅 读

安全规章系生命　自觉遵守是保障
——安全生产六大纪律与四个服从

安全生产六大纪律

在保障工作场所的安全生产方面,以下六点必须严格遵守。

一、安全帽必戴:进入任何工作现场,都必须戴上合格的安全帽,并确保扣好帽带,同时正确佩戴其他劳动防护用品。

二、高空作业必备:在2米及以上的高处进行作业时,若没有安全设施,必须佩戴安全带并牢固扣好保险钩。

三、高处作业慎抛物:在高处作业时,严禁往下乱抛材料和工具等物品,以防发生意外。

四、电气设备必防护:所有电动机械设备都必须装备可靠的安全接地和防雷装置,方可投入使用。

五、禁用陌生设备:非专业人员严禁操作和摆弄机电设备,以确保安全操作。

六、吊装区限制:吊装区域内非操作人员不得进入,且吊装杆下方禁止站人。

此外,七大预防准则也需牢记:防火;防爆;防人身伤亡;防交通事故;防触电;防冻伤;防磨损。

安全工作四个服从

在确保安全工作的过程中,以下四项服从原则是至关重要的。

一、安全优先原则:无论何时,当安全生产与其他因素产生冲突时,必须毫不犹豫地服从安全。不管是与工作进度、成本考量还是其他方面的考虑相冲突,安全始终应是首要的。

二、设备状态服从原则:当安全与设备状态发生冲突时,务必服从安全要求。即使因设备故障或不稳定状态导致工作受限,也要坚守安全标准,避免因违背安全规定而引发事故。

三、施工进度服从原则:在安全与施工进度之间出现冲突时,应无条件服从安全。不因追求进度而牺牲工作场所的安全性,确保工作在安全的前提下稳步进行。

四、任务优先服从原则:即使面临其他重要任务,也要始终服从安全要求。安全不仅是一项任务,更是一种价值观和责任,无论其他任务有多紧迫,都不能忽视安全的重要性。

这些服从原则强调了在任何情况下都要维护和优先考虑安全。它们不仅在工作中指引我们的行动,也体现了对员工和工作场所安全的关注和承诺。

三、杜绝安全生产隐患

(一) 安全生产隐患

知识链接

博德损失
起因模型

影响企业安全生产的因素有很多,主要有人的隐患和物的隐患,人的隐患主要体现在操作失误和管理缺陷,物的隐患主要体现在装置缺陷、设备缺陷、生产环境缺陷等。此外,一些客观原因例如气候也会影响企业的安全生产。

根据《企业职工伤亡事故》,将事故隐患由起因物、致害物等因素进行详细分类,总结为以下几类:一是生产设备带来的安全隐患,尤其是高空作业的一些机器设备、车辆等。二是人遭受外力作用而形成的安全隐患,如外力击打、触电、溺水、烧伤、火灾、中毒等。三是建筑中的一些施工方面的原因造成的安全隐患,如建筑坍塌、漏水等。四是爆炸,如瓦斯爆炸、容器爆炸、爆破作业等。

根据职业原因进行分类,有一些生产具有极大的危险性,危险有害因素可分为以下几类:生产性粉尘、毒物、噪声与振动、高温、低温、放射,以及其他危害因素。

根据事故产生的原因进行分类,主要分为物理方面的危害、化学方面的危害、生物方面的危害、心理方面的危害、行为方面的危害及其他因素。

(二) 防范安全生产隐患的措施

1. 安全用电的主要应对措施

(1) 非电工严禁操作电气设备。

（2）在使用各种电器之前，必须检查是否存在漏电情况，确保接地良好。

（3）所有电器都必须配备可靠的漏电保护装置，并确保其灵敏和可靠。

（4）选用高质量的电缆线，严禁使用胶质线。

（5）禁止使用导电材料如扎丝捆绑电缆和电线。

（6）所有用电开关应标明用途和责任人。

（7）熟知触电急救基本知识。

2. 车辆伤害的主要应对措施

（1）如果项目部位于县城或国道附近，特别需要注意交通安全。

（2）遵守交通规则，保持车辆安全设备的完好状态，确保灯光正常。

（3）行走时，多人应列纵队，而不是排成一排。

（4）通勤车辆严禁人货混装、超员和超速行驶。

3. 物体打击的主要应对措施

（1）禁止同时上下作业，除非有可靠的防护措施。

（2）进入工作区域必须佩戴安全帽并扣好帽带。

（3）及时清理脚手架上的杂物，所有器具必须包装并正确吊装，禁止随意抛掷。

（4）如无可靠的安全措施，严禁抛掷物品。

4. 高处作业的安全措施

高处作业是指在坠落高度基准≥2米的地方进行作业，分为不同级别。首先，建立安全防护设施，如设置安全围栏、铺设跳板、悬挂安全网等；其次，佩戴安全带，正确使用安全带；最后，高处作业者需要身体状况符合要求，患有高血压、低血糖、癫痫等人员禁止进行高处作业。

通过严格落实这些措施，可以有效保障工作场所的安全。在各种安全事故的原因构成中，人的不安全行为和物的不安全状态（危险的环境及较差的管理）是造成事故的直接原因。杜邦公司一次为期十年的数据统计表明，人的不安全行为导致的事故占劳动安全事故的 96%，其中个人防护装备佩戴占 12%；工作位置不当占30%;人员的反应不准确占14%;工具使用不当占20%;设备使用不当占8%;操作程序错误占11%,工序错误占1%。物的不安全状态导致的事故占4%。

因此,在工作场所中,应特别强调个人防护装备的正确佩戴、工作位置的准确选择以及工具和设备的使用方法。只有当人与物的安全状态都得到有效管理和控制时,才能最大限度地减少安全事故的发生。

【训练任务】

任务一　劳动安全知多少

一、阅读素材

我要知道的劳动纪律:

严格履行劳动合同及违约应承担的责任	对应纪律
按规定的时间、地点到达工作岗位,按要求请事假、病假、年休假、探亲假等	考勤纪律
根据生产、工作岗位职责及规则,按质按量完成工作任务	生产、工作纪律
严格遵守技术操作规程和安全卫生规程	安全卫生纪律
节约原材料、爱护用人单位的财产和物品	日常工作生活纪律
保守用人单位的商业秘密和技术秘密	保密纪律
遵纪奖励与违纪惩罚规则	奖惩制度
与劳动、工作紧密相关的规章制度及其他规则	其他纪律

二、请学生作答下列两项问题。

1. 我目前就读专业的行业规范是:

_____

_____

_____

2. 我希望将来从事行业的规范是：

_____

_____

_____

任务二　安全色与安全标志

一、练习素材

安全色！生命色！你知道多少？

我国规定安全色是用来表达禁止、警告、指令、提示等安全信息含义的颜色。它的作用是使人们能够迅速发现和分辨安全标志，提醒人们注意安全，预防发生事故。我国安全色标准规定，红、黄、蓝、绿四种颜色为安全色。安全色必须保持在一定的颜色范围内，不能褪色、变色或被污染，以免同别的颜色混淆，产生误认。安全色的定义如下。

红色：很醒目，使人们在心理上产生兴奋性和刺激性，红色光光波较长，不易被尘雾所散射，在较远的地方也容易辨认，红色的注目性高，视认性也很好。所以用来表示危险、禁止、停止。用于禁止标志。机器设备上的紧急停止手柄或按钮以及禁止触动的部位通常用红色，有时也表示防火。

黄色：与黑色组成的条纹是视认性最高的色彩，特别能引起人们的注意，所以被选为警告色，含义是警告和注意。如厂内危险机器和警戒线，行车道中线、安全帽等。

蓝色：蓝色的注目性和视认性都不太好，但与白色配合使用效果显著，特别是在太阳光下比较明显。所以被选为含指令标志的颜色，即必须遵守。

绿色：注目性和视认性虽然高，但绿色是新鲜、年轻、青春的象征，具有和平、永久、生长、安全等心理效应，所以绿色提示安全信息，表示安全状态或可以通行。车间内的安全通道、行人和车辆通行标志、消防设备和其他安全防护设备的位置表示都用绿色。

二、请在安全标志识别卡中填写安全标志的名称,填写完毕后与安全标志卡答案进行对比评分。

安全标志卡答案:

任务三　蝴蝶效应

一只南美洲亚马孙河边热带雨林中的蝴蝶,偶尔扇几下翅膀,就有可能在两周后引起美国得克萨斯的一场龙卷风。原因在于,蝴蝶翅膀的运动,使其身边的空气系统发生变化,并引起微弱气流的产生,而微弱气流的产生又会引起它四周空气或其他系统产生相应变化,由此引起连锁反应,最终导致其他系统的大变化,这就是蝴蝶效应。蝴蝶效应听起来有点荒诞,但表明事物发展的结果对初始条件具有极为敏感的依赖性。初始条件的极小偏差,将会引起结果的极大差异。

问题:职业安全中的蝴蝶效应有哪些?

提示:蝴蝶效应告诉我们,如果对一个微小的纰漏不以为然或听任发展,往往会像多米诺骨牌那样引起整个局势的崩溃。一个雪球可能引发一场雪崩,一根火柴可以点燃整片森林。因此,人们必须牢固树立预防为主的安全意识,保证安全工作和生活。

任务四　案例分析

2020 年 5 月 13 日 14 时 20 分左右,潍坊市青州经济开发区山东通用起重机股份有限公司发生一起物体打击事故,造成 4 人死亡,直接经济损失约368.80 万元。

该起事故的直接原因是起重机械作业人员张某新、周某泉未按规定确认起吊载荷质心,起升系挂位置不合适,在未采取任何防止载荷与其他障碍物刮碰措施的情况下盲目起吊,导致其他 6 根立柱依次倾倒,致使 4 名涂漆作业人员死亡。

经官方调查发现,2020 年 4 月下旬,通用起重机公司计划在铆焊车间东二跨东北侧搭建喷漆房。5 月 13 日上午,通用起重机公司副总经理曹某伟安排临时从劳务市场雇佣的武某芹、李某花、王某英、张某美 4 人对搭建厂房所用 7 根立柱(高 16.3 m,宽 1.47 m,厚 0.35 m,重约 2.5 t)进行手工涂漆。当日下午,曹某伟安排起重机械遥控操作人员张某新、起重机械司索作业人员周某泉用桥式起重机将已涂完上部漆的西侧第一根立柱吊至车间其他空地上刷底面漆。张某新、周某泉将起吊用钢丝绳拴挂在立柱中间位置筋板(筋板宽 0.35 m)两侧。14 时 20 分左右,张某新、周某泉站在立柱中部开始起吊作业,当立柱离地面约 0.1 m时,立柱南端向东偏转并碰撞相邻的第 2 根立柱,致使其向东倾倒,因立柱侧立间距小于侧立高度,导致其他 5 根立柱由西向东依次碰倒,将正在进行涂漆作业位于第 3、4 根立柱间的武某芹,第 5、6 根立柱间北面的李某花、南面的王某英,第 6、7 根立柱间的张某美 4 人压倒,导致 4 人死亡。

调查还发现,通用起重机公司原安装岗位人员张某新、周某泉于 2019 年 10 月转岗为铆焊车间起重机械作业人员,2 人均未进行转岗前安全教育培训;临时雇佣人员武某芹、李某花、王某英、张某美未进行安全教育培训,就由曹某伟直接安排上岗作业。

曹某伟,通用起重机公司副总经理,对生产过程中存在的安全隐患督促指导整改不力,违章指挥未经安全教育培训的工人上岗作业,对事故的发生负有主要责任。涉嫌构成重大责任事故罪,建议司法机关依法追究其刑事责任。

请作答：

1. 看了这个案例，我认为事故的原因是：

_____

_____

2. 结合自己所学专业，谈谈在未来的职业活动中可能出现的安全隐患有哪些，应如何防范安全隐患？

_____

任务五　自我评估

1. 在日常的学习和生活中，自己存在哪些安全意识淡薄的情况？

_____

_____

_____

_____

_____

2. 有哪些具有安全隐患的行为习惯是可以改进的？怎么改进？

_____

_____

_____

_____

_____

附录一 敬业度测试

本测试旨在测测你的敬业程度。本测试由一系列陈述句组成,请仔细阅读,按要求选择最符合自己情况的答案。

以下每题有三个选项:A. 完全符合　　B. 基本符合　　C. 不符合

1. 不拿公共财物。（　　）

2. 在规定的休息时间后,及时返回学习或工作场所。（　　）

3. 看到别人有违反学校或公司规定的举动,及时纠正。（　　）

4. 能够保守秘密。（　　）

5. 从不迟到、早退。（　　）

6. 不做有损学校或公司名誉的任何事情。（　　）

7. 不管能否得到相应奖励,都能积极提出有利于集体的意见。（　　）

8. 关心自己和同学的身心健康。（　　）

9. 愿意承担更大的责任,接受更繁重的任务。（　　）

10. 对外界人士积极宣扬自己所在的集体。（　　）

11. 把集体的目标放在第一位。（　　）

12. 乐于在正常的学习、工作时间之外自动自发地加班加点。（　　）

13. 业余时间学习与工作有关的技能,加强职业素养学习。（　　）

14. 在学习时间里不做一切有碍学习的事情。（　　）

15. 为保证工作或学习绩效,善于劳逸结合,调节身心。（　　）

16. 积极寻找途径以获得外界对自己所在集体的支持。 （ ）

17. 对集体的使命有清晰的认识,认同集体的价值观。 （ ）

18. 能享受学习和工作中的乐趣。 （ ）

19. 老师或领导布置的任务,即使有困难,也会想方设法完成而不是敷衍了事。 （ ）

20. 积极参加集体组织的各项活动。 （ ）

评分说明:

A 选项为 1 分,B 为 3 分,C 为 5 分。

40 分以下:敬业度较低。

40～60 分:敬业度一般。

61～80 分:敬业度上等。

80 分以上:敬业度优异。

（摘自曹军主编:《职场能力测试》,中国纺织出版社 2007 年版,略有改动）

附录二　团队合作能力测试

在团队中,团队合作能力是指团队成员之间密切配合、相互协助,有效解决问题的能力。请通过下列问题对自己的该项能力进行差距测评。

1. 你如何看待团队成员之间的协作?　　　　　　　　　　（　　）

A. 三个臭皮匠顶个诸葛亮。

B. 可以提高团队绩效。

C. 有时将阻碍个人才能的发挥。

2. 你如何看待团队成员的缺点?　　　　　　　　　　　　（　　）

A. 缺点也可以转化。

B. 缺点不影响优点的发挥。

C. 缺点需要改正。

3. 在团队中,管理者应如何为团队成员分配工作?　　　　（　　）

A. 根据其特长。

B. 根据其性格。

C. 根据其资历。

4. 当你听到他人被认为能力不强时,你怎么看?　　　　　（　　）

A. 也许没有发现他的特长。

B. 也许没有展现他的特长。

C. 他应该学习提高。

5. 你如何评估团队中每一位成员的价值?　　　　　　　　（　　）

A. 既然是团队成员,就都有价值。

B. 能力不同价值不同。

C. 能力就是价值。

6. 管理者应如何让团队成员之间保持良好的协作关系?　　（　　）

A. 建立适合发挥特长的协作机制。

B. 通过流程加以约束。

C. 通过硬性规定实现。

7. 如果你的团队中有成员确实影响了团队绩效,你如何解决? （ ）

A. 加强沟通,及时解决问题。

B. 用替补成员进行替换。

C. 限期改正,否则劝离。

8. 你如何理解"人多力量大"这句话? （ ）

A. 只有协作好,力量才能大。

B. 可能不是个人力量的简单相加。

C. 有时未必这样。

9. 当你成为团队中的主要成员时,你如何看待自己? （ ）

A. 我离不开团队。

B. 继续发挥自己的作用。

C. 团队离不开我。

10. 七个和尚分粥,你认为哪种方式使他们能够长期协作下去? （ ）

A. 轮流分粥,分者最后取。

B. 一个和尚分,一个和尚监督。

C. 对分粥者进行教育。

评分说明:

选 A 得 3 分,选 B 得 2 分,选 C 得 1 分。

15 分以下:说明你的团队合作能力较差,亟待提升。

15~24 分:说明你的团队合作能力一般,请努力提升。

24 分以上:说明你的团队合作能力很强,请继续保持和提升。

附录三　解决问题能力测试

问题处理能力关系着一个人工作质量的好坏。本测试为判别一个人问题处理能力的高低提供依据。下面是 10 个单项选择题，请在每一个题目的备选答案中选择一个符合你想法的答案。

1. 你书房的书被水管漏水浸坏了：　　　　　　　　　　　　（　　）

A. 你非常不快，不停地抱怨。

B. 你想借此不交物业费，并写了批评信。

C. 你自己擦洗、清理、晾晒图书，并修理水管。

2. 在节假日里，你和爱人总会为去看望谁的父母发生争执：　（　　）

A. 你认为最好的办法就是谁的父母都不去看望，以减少麻烦。

B. 订个计划，这次看望爱人的父母，下次看望你的父母，轮流看望。

C. 决定在重要的节假日里，和你的家人团聚，而在其他节假日里与爱人的家人共度。

3. 如果某个朋友要结婚了，你去参加婚礼，你要送红包，这时：　（　　）

A. 事先对对方说你有事不能参加，事实上你并没有什么事情，你只是为了不送红包。

B. 对那些你认为重要的朋友，比如可以给你带来生意上的帮助的人，你才愿意参加其婚礼并送红包。

C. 你不送红包，但经常收集一些小的或比较奇特的礼物来应付朋友结婚这类事情。

4. 当你感觉身体不舒服时：　　　　　　　　　　　　　　　（　　）

A. 你会拖延着不去就诊，认为慢慢会好的。

B. 自己诊断一下，去药房买药。

C. 把这种情况及时告诉家人,然后去医院检查。

5. 生活中的各种压力使你和家人变得容易发怒时: （　）

A. 你会想办法向朋友倾诉。

B. 你设法避免和家人争吵。

C. 你和家人一起讨论,研究解决的办法。

6. 你的亲友在事故中受了重伤,你得知消息时: （　）

A. 失声痛哭,不知该如何是好。

B. 叫来医生,要求服镇静剂来度过以后的几小时。

C. 抑制自己的感情,因为你还要告诉其他亲友。

7. 你的能力得到承认,并得到了承担一份重要工作的机会: （　）

A. 你会放弃这个机会,因为这项工作的要求太高。

B. 你怀疑自己能否承担起这项工作。

C. 你仔细分析这项工作的要求,做好准备设法把它做好。

8. 一位好朋友将要结婚了,在你看来,他们的结合不会幸福: （　）

A. 你会认真地规劝那位朋友,请他慎重考虑。

B. 努力说服你自己,让自己相信时间还允许朋友改变计划。

C. 你不着急,因为你相信一切都会好起来。

9. 当你和别人发生纠纷,不得不去法庭诉讼时: （　）

A. 你会因为焦虑和不安而失眠。

B. 你不去想这件事,出庭时再设法应付。

C. 你把这件事看得很平常。

10. 当你和邻居发生争执,却没有争出结果时: （　）

A. 你借酒浇愁,想把这件不快的事忘掉。

B. 请教律师如何与邻居打官司。

C. 外出散步或消遣,以平息心中的愤怒。

评分说明：

选择 A 得 1 分,选 B 得 2 分,选 C 得 3 分。

15 分以下：说明你解决问题的能力较差,亟待提升。

15～25 分：说明你解决问题能力一般,有时稍有迟疑。

25 分以上：说明你处理问题的能力很强,请继续保持和提升。

附录四　心态测试

1. 你是个容易冲动的人吗？　　　　　　　　　　　（　　）

A. 不，我很克制。

B. 偶尔会冲动。

C. 我总是如此。

2. 你对自己过去的人生感到后悔吗？　　　　　　　（　　）

A. 我已经尽力了，不后悔。

B. 有些遗憾也可以接受。

C. 经常会后悔。

3. 你如何看待命运？　　　　　　　　　　　　　　（　　）

A. 相信命运掌握在自己手中，努力就有好运。

B. 是可以改变的。

C. 听天由命。

4. 你一般会如何对待地位比自己低的人？　　　　　（　　）

A. 微笑面对，能帮则帮。

B. 尊重他们，但尽量保持距离。

C. 颐指气使。

5. 你会如何面对你的领导？　　　　　　　　　　　（　　）

A. 内心尊敬，不卑不亢。

B. 尽量讨好。

C. 表面讨好，背后议论。

6. 你尊重自己吗？　　　　　　　　　　　　　　　（　　）

A. 我总是坚持原则，尊重自己内心的意见。

B. 一般情况下会。

C. 谈不上。

7. 你觉得这个世界会主动为你改变吗?　　　　　　　(　　)

A. 不会,我会自己去努力。

B. 或许会吧,看运气。

C. 明知道不会,但仍然幻想。

8. 如果你特别想达到一个目的,你会如何?　　　　　(　　)

A. 努力去做。

B. 和平常一样,只是想想罢了。

C. 每天都想得要命,但不肯行动。

9. 你如何看待社会上的成功人士?　　　　　　　　(　　)

A. 大多是靠自己的努力而成功的。

B. 一半实力,一半运气。

C. 天生的好运。

10. 说实话,你觉得自己是什么样的人?　　　　　　(　　)

A. 肯主动改变世界的人。

B. 改变自己以适应世界的人。

C. 等着世界为我改变的人。

11. 在你看来,幸福是什么?　　　　　　　　　　　(　　)

A. 能心平气和地享受生活。

B. 有钱有权,好吃好喝。

C. 随心所欲。

12. 你觉得幸福为什么会眷顾你?　　　　　　　　　(　　)

A. 我的努力。

B. 幸运、缘分。

C. 绝不可能。

13. 工作中,你感到快乐吗?　　　　　　　　　　　(　　)

A. 是的,我很享受工作。

B. 一般般,我习惯了。

C. 一进公司,我就闷闷不乐。

14. 你觉得幸福会青睐什么样的人? （　　）

A. 积极乐观,努力工作的人。

B. 做事踏实的人。

C. 消极悲观,无所事事的人。

评分说明:

选 A 得 3 分,选 B 得 2 分,选 C 得 1 分。

32 分及以上:你在追求成功的道路上拥有良好的心态。你开朗乐观,积极努力,既看重自己,也尊重别人,无论是工作还是生活,你都能处理得井井有条。

24～31 分:你的心态表明你愿意工作但不肯努力,祈求幸福但不自信,过着平凡的生活。

23 分及以下:由于你心态不好,命运总显得对你不公。你爱幻想,不爱行动,心情容易出现起伏,由于这些不好的习惯,成功和幸福就不肯来到你的身边,这反过来又使你变得更加消极。

附录五 人际关系测试

这是一份人际关系行为困扰的测验量表,共 28 个问题。每个问题请以"是"(画"√")或"不是"(画"╳")来回答。请认真完成,然后参看后面的评分方法。

1. 关于自己的烦恼有口难言。 （ ）
2. 和陌生人见面感觉不自然。 （ ）
3. 过分地羡慕和嫉妒别人。 （ ）
4. 与异性交往太少。 （ ）
5. 对连续不断的会谈感到困难。 （ ）
6. 在社交场合,感到紧张。 （ ）
7. 时常伤害别人。 （ ）
8. 与异性来往感觉不自然。 （ ）
9. 与一大群朋友在一起,常感到孤寂或失落。 （ ）
10. 极易受窘。 （ ）
11. 与人不能和睦相处。 （ ）
12. 不知道如何与异性适度相处。 （ ）
13. 当不熟悉的人对自己倾诉其生平遭遇以求得同情时,自己常感到不自在。 （ ）
14. 担心别人对自己有什么坏印象。 （ ）
15. 总是尽力使别人赏识自己。 （ ）
16. 暗自思慕异性。 （ ）
17. 时常躲避表达自己的感受。 （ ）
18. 对自己的仪态(容貌)缺乏信心。 （ ）
19. 讨厌某人或被某人讨厌。 （ ）
20. 瞧不起异性。 （ ）

21. 不能专注地倾听。 （ ）

22. 自己的烦恼无人可倾诉。 （ ）

23. 受别人排斥。 （ ）

24. 被异性瞧不起。 （ ）

25. 不能广泛地听取各种意见、看法。 （ ）

26. 自己常因受伤而暗自伤心。 （ ）

27. 常被别人谈论、愚弄。 （ ）

28. 不知道与异性相处如何适可而止。 （ ）

记分表

									小计
I	题目	1	5	9	13	17	21	25	小计
	分数								
II	题目	2	6	10	14	18	22	26	小计
	分数								
III	题目	3	7	11	15	19	23	27	小计
	分数								
IV	题目	4	8	12	16	20	24	28	小计
	分数								
评分	（画"√"计1分,画"×"计0分）								

测验结果的解释与辅导如下所示。

如果你的得分是0～8分,那么说明你与他人相处时困扰较少;你善于交谈,性格比较开朗,主动关心别人;你对周围的人都比较好,愿意和他们在一起,他们也喜欢你,你们相处得不错;而且你能够从与他人的相处中得到许多乐趣;你的生活比较充实,而且丰富多彩;你与异性朋友也相处得很好。总之,你不存在或较少存在交友方面的困扰,善于与朋友相处,人缘很好。同时也获得了许多人的好感和赞同。

如果你的得分是9～14分,那么说明你与他人相处存在一定程度的困扰;

你的人缘较为一般,换句话说,你和他人的关系并不牢固,时好时坏,经常处在一种起伏波动的状态中。

　　如果你的得分是 15～28 分,那么表明你和他人在相处上的困扰较严重;分数超过 20 分,则表明你的人际关系行为困扰程度很高,而且在心理上出现了较为明显的障碍。你可能不善于交谈,也可能是一个性格孤僻的人,不开朗,或者有明显的自高自大的行为。

　　以上是从总体上评述你的人际关系。下面将根据你在每一栏的小计分数,具体指出你和他人相处中的困扰行为及可参考的纠正方法。

　　1. 记分表中Ⅰ横栏上的小计分数,表明你在交谈方面的行为困扰程度。

　　如果你的得分在 6 分以上,说明你不善于交谈,只有在需要的情况下才会同别人交谈,你总难于表达自己的感受,无论是快乐还是烦恼;你不是一个很好的倾听者,往往无法专心听别人说话或只对单独的话题感兴趣。

　　如果你的得分是 3～5 分,说明你的交谈能力较为一般,你会诉说自己的感受,但不能做到条理清晰;你努力使自己成为一个好的倾听者,但还做得不够。如果你与对方不太熟悉,开始时你往往表现得拘谨与沉默,不太愿意跟对方交谈,但这种局面在你面前一般不会持续太久。经过一段时间的接触与锻炼,你可能会主动与同学谈话,同时这一切来得很自然,而非造作。此时表明你的交谈能力已经大为改变,在这方面的困扰也会逐渐消除。

　　如果你的得分是 0～2 分,说明你有较高的交谈能力和技巧,善于利用恰当的谈话方式来交流思想感情,因而在与别人建立友情方面,你往往比别人获得更多的成功。这些优势不仅为你创造了良好的心境,而且常常有助于你成为伙伴中的领袖人物。

　　2. 记分表中Ⅱ横栏上的小计分数,表示你在交际与交友方面的困扰程度。

　　如果你的得分在 6 分以上,说明你在社交活动与交友方面存在着较大的行为困扰。比如,在正常集体活动与社交场合,你比大多数伙伴更为拘谨;在有陌生人或教师的场合,你往往感到更加紧张;你常因过多地考虑自己的形象而使自己处于越来越被动、越来越孤独的境地。总之,交际与交友方面的严重困扰,会使你陷入"感情危机"和孤独的状态。

如果你的得分是 3~5 分,往往说明你在积极寻找被人喜爱的突破口。你不喜欢独自一个人待着,你需要和朋友在一起,但你又不善于创造条件并积极主动寻找朋友,而且你常心有余悸,生怕主动行为后的"冷"体验。

如果得分低于 3 分,说明你对人较为真诚和热情。总之,你的人际关系较和谐,在这些问题上,你不存在明显持久的行为困扰。

3. 记分表中Ⅲ横栏上的小计分数,表示你在待人接物方面的困扰程度。

如果你的得分在 6 分以上,说明你缺乏待人接物的机智与技巧。在实际的人际关系中,你也许常有意无意地伤害别人,或者你过分地羡慕别人以至于在内心嫉妒别人。因此,其他一些同学可能回报给你的是冷漠、排斥,甚至是愚弄。

如果你的得分是 3~5 分,说明你是一个多侧面的人,也许可以算是一个较圆滑的人。对待不同的人,你有不同的态度,而且不同的人对你也存在不同的评价。你讨厌某人或被某人所讨厌,但你却喜欢另一个或被另一个人所喜欢。因此,你的朋友关系在某些方面是和谐的、良好的,而在某些方面却是紧张的、恶劣的。因此,你的情绪很不稳定,内心极不平衡,常常处于矛盾状态之中。

如果你的得分是 0~2 分,表明你较尊重别人,敢于承担责任,对环境的适应性强。你常常以你的真诚、宽容、责任心等个性获得众人的好感与赞同。

4. 记分表中Ⅳ横栏上的小计分数,表示你跟异性朋友交往的困扰程度。

如果你的得分在 5 分以上,说明你在与异性交往的过程中存在较为严重的困扰。也许你存在着过分的思慕异性或者对异性存有偏见,这两种态度都有它的片面之处;也许这是因为你不知如何把握好与异性交往的分寸而陷入困扰之中。

如果你的得分是 3~4 分,说明你与异性交往的程度一般。有时你可能会觉得与异性交往是一件愉快的事,有时又会认为这种交往似乎是一种负担,你不懂得如何与异性交往最适宜。

如果你的得分是 0～2 分，说明你懂得如何正确处理与异性朋友之间的关系，对异性同学持公正的态度，能大大方方地、很自然地与他们交往，并且在与异性朋友的交往中，得到了许多从同学、朋友那里不能得到的东西，不仅增加了对异性的了解，而且丰富了个性。你可能是一个较受欢迎的人，无论作为同性朋友还是作为异性朋友，多数人都较喜欢你、赞赏你。

（摘自李蕊主编：《心理健康教育》，机械工业出版社 2018 年版，略有改动）

附录六　情绪稳定性测验

请根据自己的实际情况,选择最符合你的选项。

1. 看到自己最近一次拍摄的照片,你有何想法?　　　　　　　　(　　)

A. 觉得不称心　　　　B. 觉得很好　　　　C. 觉得可以

2. 你是否想到若干年后会有什么使自己极为不安的事?　　　(　　)

A. 经常想到　　　　B. 从来没想过　　　　C. 偶尔想到

3. 你是否被朋友、同学起过绰号、挖苦过?　　　　　　　　(　　)

A. 这是常有的事　　　B. 从来没有　　　　C. 偶尔有过

4. 你上床以后,是否经常再起来一次,看看门窗是否关好等?　(　　)

A. 经常如此　　　　B. 从不如此　　　　C. 偶尔如此

5. 你对与你关系最密切的人是否满意?　　　　　　　　　(　　)

A. 不满意　　　　　B. 非常满意　　　　C. 基本满意

6. 你在半夜的时候,是否经常觉得有什么值得害怕的事?　　(　　)

A. 经常　　　　　　B. 从来没有　　　　C. 极少有这种情况

7. 你是否经常因梦见什么可怕的事而惊醒?　　　　　　　(　　)

A. 经常　　　　　　B. 没有　　　　　　C. 极少

8. 你是否曾经有多次做同一个梦的情况?　　　　　　　　(　　)

A. 有　　　　　　　B. 没有　　　　　　C. 记不清

9. 有没有一种食物使你吃后呕吐?　　　　　　　　　　　(　　)

A. 有　　　　　　　B. 没有　　　　　　C. 记不清

10. 除去看见的世界外,你心里有没有另外一种世界?　　　(　　)

A. 有　　　　　　　B. 没有　　　　　　C. 说不清

11. 你心里是否时常觉得你不是现在的父母所生?　　　　　(　　)

A. 时常　　　　　　B. 没有　　　　　　C. 偶尔有

12. 你是否曾经觉得有一个人爱你或尊重你?　　　　　　　(　　)

A. 是　　　　　　　　B. 否　　　　　　　C. 说不清

13. 你是否常常觉得你的家庭对你不好,但是你又确知他们的确对你好?

（　　）

A. 是　　　　　　　　B. 否　　　　　　　C. 偶尔

14. 你是否觉得没有人十分了解你?　　　　　　　　　　　（　　）

A. 是　　　　　　　　B. 否　　　　　　　C. 说不清

15. 你在早晨起来的时候最经常的感觉是什么?　　　　　　（　　）

A. 秋雨霏霏或枯叶遍地　　B. 秋高气爽或艳阳天　　C. 不清楚

16. 你在高处的时候,是否觉得站不稳?　　　　　　　　　（　　）

A. 是　　　　　　　　B. 否　　　　　　　C. 有时是这样

17. 你平时是否觉得自己很强健?　　　　　　　　　　　　（　　）

A. 否　　　　　　　　B. 是　　　　　　　C. 不清楚

18. 你是否一回家就立刻把房门关上?　　　　　　　　　　（　　）

A. 是　　　　　　　　B. 否　　　　　　　C. 不清楚

19. 你坐在小房间里把门关上后,是否觉得心里不安?　　　（　　）

A. 是　　　　　　　　B. 否　　　　　　　C. 偶尔是

20. 当一件事需要你做决定时,你是否觉得很难?　　　　　（　　）

A. 是　　　　　　　　B. 否　　　　　　　C. 偶尔是

21. 你是否常常用抛硬币、玩纸牌、抽签之类的游戏来测凶吉?　（　　）

A. 是　　　　　　　　B. 否　　　　　　　C. 偶尔是

22. 你是否常常因为碰到东西而跌倒?　　　　　　　　　　（　　）

A. 是　　　　　　　　B. 否　　　　　　　C. 偶尔是

23. 你是否需要用一个多小时才能入睡,或醒得比你希望的早一个小时?

（　　）

A. 经常这样　　　　　B. 从不这样　　　　C. 偶尔这样

24. 你是否曾看到、听到或感觉到别人觉察不到的东西?　（　　）

A. 经常这样　　　　　B. 从不这样　　　　C. 偶尔这样

25. 你是否觉得自己有超越常人的能力？　　　　　　　　　　（　　）

A. 是　　　　　　　　B. 否　　　　　　　　C. 不清楚

26. 你是否曾经觉得因有人跟你走而心里不安？　　　　　　　（　　）

A. 是　　　　　　　　B. 否　　　　　　　　C. 不清楚

27. 你是否觉得有人在注意你的言行？　　　　　　　　　　　（　　）

A. 是　　　　　　　　B. 否　　　　　　　　C. 不清楚

28. 当你一个人走夜路时，是否觉得前面潜藏着危险？　　　　（　　）

A. 是　　　　　　　　B. 否　　　　　　　　C. 偶尔

29. 你对别人自杀有什么想法？　　　　　　　　　　　　　　（　　）

A. 可以理解　　　　　B. 不可思议　　　　　C. 不清楚

评分与解释：

以上各题的答案，选A得2分，选B得0分，选C得1分。请将你的得分统计一下，算出总分。得分越少，说明你的情绪越佳，反之越差。

0～20分：表明你情绪稳定，自信心强，具有较强的美感、道德感和理智感。你有一定的社会活动能力，能理解周围人们的心情，顾全大局。你一定是个性情爽朗、受人欢迎的人。

21～40分：说明你情绪基本稳定，但较为深沉，对事情考虑过于冷静，处事淡漠消极，不善于发挥自己的个性。你的自信心受到压抑，办事热情忽高忽低、瞻前顾后、踌躇不前。

40分以上：说明你的情绪极不稳定，日常烦恼太多，使自己的心情处于紧张和矛盾中。

（摘自梁利苹、徐颖、刘洪均主编：《大学生心理健康教育》，

清华大学出版社2018年版，略有改动）

附录七　心理适应性测量

请仔细阅读下面的题目,选择最符合你实际情况的选项。

1. 假如把每次考试的试卷拿到一个安安静静、无人监考的房间去做,我的成绩一定会好一些。　　　　　　　　　　　　　　　　　　（　　）

A. 很对　　　　B. 对　　　　C. 无所谓　　　　D. 不对　　　　E. 很不对

2. 夜间走路,我能比别人看得更清楚。　　　　　　　　　　　　　（　　）

A. 是　　　　B. 好像是　　　　C. 不知道　　　　D. 好像不是　　　　E. 不是

3. 每次离开家到一个新地方去,我总爱出点毛病,如失眠、拉肚子、皮肤过敏等。　　　　　　　　　　　　　　　　　　　　　　　　　（　　）

A. 完全对　　B. 有些对　　　　C. 不知道　　　　D. 不太对　　　　E. 不对

4. 我在正式运动会上取得的成绩比体育课或平时练习成绩好些。（　　）

A. 是　　　　B. 似乎是　　　　C. 说不准　　　　D. 似乎不是　　　　E. 正相反

5. 我每次明明把课文背得滚瓜烂熟了,可是在课堂上背的时候,却总要出点差错。　　　　　　　　　　　　　　　　　　　　　　　　（　　）

A. 经常如此　　　　B. 有时如此　　　　C. 吃不准　　　　D. 很少这样

E. 没有这种情况

6. 到我发言时,我似乎比别人更加镇定,发言也显得很自然。　　（　　）

A. 是　　　　B. 有时是　　　　C. 不一定　　　　D. 很少是　　　　E. 不是

7. 我冬天比别人更怕冷,夏天比别人更怕热。　　　　　　　　　　（　　）

A. 是　　　　B. 有时是　　　　C. 不一定　　　　D. 很少是　　　　E. 不是

8. 在嘈杂、混乱的环境里,我仍能够集中精力地学习、工作,效率并不会大幅度地降低。　　　　　　　　　　　　　　　　　　　　　　　　（　　）

A. 是　　　　B. 有时是　　　　C. 不一定　　　　D. 很少是　　　　E. 不是

9. 每次体检时,医生都说我心跳过速,其实我平时脉搏很正常。（　　）

A. 是　　　　B. 有时是　　　　C. 不一定　　　　D. 很少是　　　　E. 不是

10. 如果需要的话,我可以熬一个通宵,仍然精力充沛地学习和工作。

( )

A. 是 　　B. 有时是 　　C. 不一定 　　D. 很少是 　　E. 不是

11. 当父母或兄弟姐妹的朋友来家做客时,我尽量回避他们。 ( )

A. 是 　　B. 有时是 　　C. 不一定 　　D. 很少是 　　E. 不是

12. 出门在外,虽然吃饭、睡觉等环境变化很大,可是我很快就能习惯。

( )

A. 是 　　B. 有时是 　　C. 不一定 　　D. 很少是 　　E. 不是

13. 参加各种比赛,赛场上越热烈,群众越加油,我的成绩反而越上不去。

( )

A. 是 　　B. 有时是 　　C. 不一定 　　D. 很少是 　　E. 不是

14. 上课回答问题或开会发言时,我能镇定自若地把事先想好的一切都完整地说出来。 ( )

A. 是 　　B. 有时是 　　C. 不一定 　　D. 很少是 　　E. 不是

15. 我觉得一个人做事比大家一起干效率高些,所以我愿意一个人做事。

( )

A. 是 　　B. 有时是 　　C. 不一定 　　D. 很少是 　　E. 不是

16. 为了求得和睦相处,我常常放弃自己的意见来附和大家。 ( )

A. 是 　　B. 有时是 　　C. 不一定 　　D. 很少是 　　E. 不是

17. 当着众人和生人的面,我感到窘迫。 ( )

A. 是 　　B. 有时是 　　C. 不一定 　　D. 很少是 　　E. 不是

18. 无论情况多么紧迫,我都能注意到该注意的细节,不丢三落四。( )

A. 是 　　B. 有时是 　　C. 不一定 　　D. 很少是 　　E. 不是

19. 和别人争吵起来时,我常常哑口无言,事后才想起该怎样反驳对方,可是已经晚了。 ( )

A. 是 　　B. 有时是 　　C. 不一定 　　D. 很少是 　　E. 不是

20. 我每次参加正式考试或考核的成绩,常常比平时的成绩更好些。

(　　)

A. 是　　　　B. 有时是　　　　C. 不一定　　　　D. 很少是　　　　E. 不是

评分说明:

凡单号题,从 A 到 E 五种回答依次记分 1、2、3、4、5 分;凡双号题,从 A 到 E 依次记分 5、4、3、2、1 分。

81～100 分:适应性很强。

61～80 分:适应性较好。

41～60 分:适应性一般。

21～40 分:适应性较差。

0～20 分:适应性很差。

(摘自蔡代平、刘一鸣主编:《高职学生心理健康教育教程》,

高等教育出版社 2013 年版)

附录八　社会主义社会的职业道德

社会主义社会的职业道德是共产主义道德体系中的一个重要层次，它具有多种多样的类型。各行各业都有自己的职业道德，如医务道德、教师道德、商业道德等等，共产主义道德原则体现于这些具体的职业道德之中。

医务道德。社会主义医务道德的基本原则，是救死扶伤，实行革命的人道主义。它要求医务人员对不同社会地位、政治派别和宗教信仰的病人，要一视同仁地给予治疗；要全心全意地为病人服务，待病人如亲人；要树立献身医疗事业的精神；等等。

教师道德。社会主义教师道德的基本原则是忠于人民的教育事业。它要求教师热爱学生、尊重学生，具有诲人不倦、甘为人梯的精神；严于律己、为人师表，教师、校长和教辅人员之间互相尊重、团结协作，发挥集体的作用；注意思想修养、语言修养和品质修养，不断增强控制自己情绪的自制力，学会用透彻的真理、准确的知识和感人、生动的语言启迪学生的心灵，努力培养无私、善良、公正、诚实、谦虚的美德以及勤奋追求知识和真理的精神。

商业道德。社会主义商业道德同商业信誉及社会的精神文明密切相关。全心全意为顾客服务是社会主义商业道德的基本原则。买卖公平、诚信无欺、尊重顾客、优质服务是社会主义商业道德的主要规范。商业道德还要求营业员注意语言修养，做到举止文雅，说话和气，接待顾客要主动、热情、耐心、周到，树立起职业责任感和荣誉感。

此外，还有会计职业道德，主要内容有八项，包括以下方面。

爱岗敬业。要求会计人员热爱会计工作，安心本职岗位，忠于职守，尽心尽力，尽职尽责。

诚实守信。要求会计人员做老实人，说老实话，办老实事，执业谨慎，信誉至上，不为利益所诱惑，不弄虚作假，不泄露秘密。

廉洁自律。要求会计人员公私分明、不贪不占、遵纪守法、清正廉洁。

　　客观公正。要求会计人员端正态度，依法办事，实事求是，不偏不倚，保持应有的独立性。

　　坚持准则。要求会计人员熟悉国家法律、法规和国家统一的会计制度，始终坚持按法律、法规和国家统一的会计制度的要求进行会计核算，实施会计监督。

　　提高技能。要求会计人员增强提高专业技能的自觉性和紧迫感，勤学苦练，刻苦钻研，不断进取，提高业务水平。

　　参与管理。要求会计人员在做好本职工作的同时，努力钻研相关业务，全面熟悉本单位经营活动和业务流程，主动提出合理化建议，协助领导决策，积极参与管理。

　　强化服务。要求会计人员树立服务意识，提高服务质量，努力维护和提升会计职业的良好社会形象。

附录九　中国公民科学素质基准

　　《中国公民科学素质基准》(以下简称《基准》)是指中国公民应具备的基本科学技术知识和能力的标准。公民具备基本科学素质一般指了解必要的科学技术知识,掌握基本的科学方法,树立科学思想,崇尚科学精神,并具有一定的应用它们处理实际问题、参与公共事务的能力。

《中国公民科学素质基准》结构表

序号	基准内容	基准点序号	基准点
1	知道世界是可被认知的,能以科学的态度认识世界	1—5	5个
2	知道用系统的方法分析问题、解决问题	6—9	4个
3	具有基本的科学精神,了解科学技术研究的基本过程	10—12	3个
4	具有创新意识,理解和支持科技创新	13—18	6个
5	了解科学、技术与社会的关系,认识到技术产生的影响具有两面性	19—23	5个
6	树立生态文明理念,与自然和谐相处	24—27	4个
7	树立可持续发展理念,有效利用资源	28—31	4个
8	崇尚科学,具有辨别信息真伪的基本能力	32—34	3个
9	掌握获取知识或信息的科学方法	35—38	4个
10	掌握基本的数学运算和逻辑思维能力	39—44	6个
11	掌握基本的物理知识	45—52	8个
12	掌握基本的化学知识	53—58	6个
13	掌握基本的天文知识	59—61	3个
14	掌握基本的地球科学和地理知识	62—67	6个
15	了解生命现象、生物多样性与进化的基本知识	68—74	7个
16	了解人体生理知识	75—78	4个
17	知道常见疾病和安全用药的常识	79—88	10个

续　表

序号	基准内容	基准点序号	基准点
18	掌握饮食、营养的基本知识,养成良好生活习惯	89—95	7 个
19	掌握安全出行基本知识,能正确使用交通工具	96—98	3 个
20	掌握安全用电、用气等常识,能正确使用家用电器和电子产品	99—101	3 个
21	了解农业生产的基本知识和方法	102—106	5 个
22	具备基本劳动技能,能正确使用相关工具与设备	107—111	5 个
23	具有安全生产意识,遵守生产规章制度和操作规程	112—117	6 个
24	掌握常见事故的救援知识和急救方法	118—122	5 个
25	掌握自然灾害的防御和应急避险的基本方法	123—125	3 个
26	了解环境污染的危害及其应对措施,合理利用土地资源和水资源	126—132	7 个

基准点(132 个)

1. 知道世界是可被认知的,能以科学的态度认识世界

(1) 树立科学世界观,知道世界是物质的,是能够被认知的,但人类对世界的认知是有限的。

(2) 尊重客观规律能够让我们与世界和谐相处。

(3) 科学技术是在不断发展的,科学知识本身需要不断深化和拓展。

(4) 知道哲学社会科学同自然科学一样,是人们认识世界和改造世界的重要工具。

(5) 了解中华优秀传统文化对认识自然和社会、发展科学和技术具有重要作用。

2. 知道用系统的方法分析问题、解决问题

(6) 知道世界是普遍联系的,事物是运动变化发展的、对立统一的;能用普遍联系的、发展的观点认识问题和解决问题。

（7）知道系统内的各部分是相互联系、相互作用的,复杂的结构可能是由很多简单的结构构成的;认识到整体具备各部分之和所不具备的功能。

（8）知道可能有多种方法分析和解决问题,知道解决一个问题可能会引发其他的问题。

（9）知道阴阳五行、天人合一、格物致知等中国传统哲学思想观念,是中国古代朴素的唯物论和整体系统的方法论,并具有现实意义。

3. 具有基本的科学精神,了解科学技术研究的基本过程

（10）具备求真、质疑、实证的科学精神,知道科学技术研究应具备好奇心、善于观察、诚实的基本要素。

（11）了解科学技术研究的基本过程和方法。

（12）对拟成为实验对象的人,要充分告知本人或其利益相关者实验可能存在的风险。

4. 具有创新意识,理解和支持科技创新

（13）知道创新对个人和社会发展的重要性,具有求新意识,崇尚用新知识、新方法解决问题。

（14）知道技术创新是提升个人和单位核心竞争力的保证。

（15）尊重知识产权,具有专利、商标、著作权保护意识;知道知识产权保护制度对促进技术创新的重要作用。

（16）了解技术标准和品牌在市场竞争中的重要作用,知道技术创新对标准和品牌的引领和支撑作用,具有品牌保护意识。

（17）关注与自己的生活和工作相关的新知识、新技术。

（18）关注科学技术发展。知道"基因工程""干细胞""纳米材料""热核聚变""大数据""云计算""互联网＋"等高新技术。

5. 了解科学、技术与社会的关系,认识到技术产生的影响具有两面性

（19）知道解决技术问题经常需要新的科学知识,新技术的应用常常会促进科学的进步和社会的发展。

（20）了解中国古代四大发明、农医天算、近代科技成就及其对世界的贡献。

（21）知道技术产生的影响具有两面性，而且常常超过了设计的初衷，既能造福人类，也可能产生负面作用。

（22）知道技术的价值对于不同的人群或者在不同的时间，都可能是不同的。

（23）对于与科学技术相关的决策能进行客观公正的分析，并理性表达意见。

6. 树立生态文明理念，与自然和谐相处

（24）知道人是自然界的一部分，热爱自然，尊重自然，顺应自然，保护自然。

（25）知道我们生活在一个相互依存的地球上，不仅全球的生态环境相互依存，经济社会等其他因素也是相互关联的。

（26）知道气候变暖、海平面上升、土地荒漠化、大气臭氧层损耗等全球性环境问题及其危害。

（27）知道生态系统一旦被破坏很难恢复，恢复被破坏或退化的生态系统成本高、难度大、周期长。

7. 树立可持续发展理念，有效利用资源

（28）知道发展既要满足当代人的需求，又不损害后代人满足其需求的能力。

（29）知道地球的人口承载力是有限的；了解可再生资源和不可再生资源，知道矿产资源、化石能源等是不可再生的，具有资源短缺的危机意识和节约物质资源、能源意识。

（30）知道开发和利用水能、风能、太阳能、海洋能和核能等清洁能源是解决能源短缺的重要途径；知道核电站事故、核废料的放射性等危害是可控的。

（31）了解材料的再生利用可以节省资源，做到生活垃圾分类堆放，以及可再生资源的回收利用，减少排放；节约使用各种材料，少用一次性用品；了解建筑节能的基本措施和方法。

8. 崇尚科学,具有辨别信息真伪的基本能力

(32)知道实践是检验真理的唯一标准,实验是检验科学真伪的重要手段。

(33)知道解释自然现象要依靠科学理论,尊重客观规律,实事求是,对尚不能用科学理论解释的自然现象不迷信、不盲从。

(34)知道信息可能受发布者的背景和意图影响,具有初步辨识信息真伪的能力,不轻信未经核实的信息。

9. 掌握获取知识或信息的科学方法

(35)关注与生活和工作相关的知识和信息,具有通过图书、报刊和网络等途径检索、收集所需知识和信息的能力。

(36)知道原始信息与二手信息的区别,知道通过调查、访谈和查阅原始文献等方式可以获取原始信息。

(37)具有初步加工整理所获的信息,将新信息整合到已有的知识中的能力。

(38)具有利用多种学习途径终身学习的意识。

10. 掌握基本的数学运算和逻辑思维能力

(39)掌握加、减、乘、除四则运算,能借助数量的计算或估算来处理日常生活和工作中的问题。

(40)掌握米、千克、秒等基本国际计量单位及其与常用计量单位的换算。

(41)掌握概率的基本知识,并能用概率知识解决实际问题。

(42)能根据统计数据和图表进行相关分析,做出判断。

(43)具有一定的逻辑思维的能力,掌握基本的逻辑推理方法。

(44)知道自然界存在着必然现象和偶然现象,解决问题讲究规律性,避免盲目性。

11. 掌握基本的物理知识

(45)知道分子、原子是构成物质的微粒,所有物质都是由原子组成,原子可

以结合成分子。

（46）区分物质主要的物理性质，如密度、熔点、沸点、导电性等，并能用它们解释自然界和生活中的简单现象；知道常见物质固、液、气三态变化的条件。

（47）了解生活中常见的力，如重力、弹力、摩擦力、电磁力等；知道大气压的变化及其对生活的影响。

（48）知道力是自然界万物运动的原因；能描述牛顿力学定律，能用它解释生活中常见的运动现象。

（49）知道太阳光由七种不同的单色光组成，认识太阳光是地球生命活动所需能量的最主要来源；知道无线电波、微波、红外线、可见光、紫外线、X 射线都是电磁波。

（50）掌握光的反射和折射的基本知识，了解成像原理。

（51）掌握电压、电流、功率的基本知识，知道电路的基本组成和连接方法。

（52）知道能量守恒定律，能量既不会凭空产生，也不会凭空消失，只会从一种形式转化为另一种形式，或者从一个物体转移到其他物体，而总量保持不变。

12. 掌握基本的化学知识

（53）知道水的组成和主要性质，举例说出水对生命体的影响。

（54）知道空气的主要成分。知道氧气、二氧化碳等气体的主要性质，并能列举其用途。

（55）知道自然界存在的基本元素及分类。

（56）知道质量守恒定律，化学反应只改变物质的原有形态或结构，质量总和保持不变。

（57）能识别金属和非金属，知道常见金属的主要化学性质和用途。知道金属腐蚀的条件和防止金属腐蚀常用的方法。

（58）能说出一些重要的酸、碱和盐的性质，能说明酸、碱和盐在日常生活中的用途，并能用它们解释自然界和生活中的有关简单现象。

13. 掌握基本的天文知识

（59）知道地球是太阳系中的一颗行星，太阳是银河系内的一颗恒星，宇宙由大量星系构成的;了解"宇宙大爆炸"理论。

（60）知道地球自西向东自转一周为一日,形成昼夜交替;地球绕太阳公转一周为一年,形成四季更迭;月球绕地球公转一周为一月,伴有月圆月缺。

（61）能够识别北斗七星,了解日食月食、彗星流星等天文现象。

14. 掌握基本的地球科学和地理知识

（62）知道固体地球由地壳、地幔和地核组成,地球的运动和地球内部的各向异性产生各种力,造成自然灾害。

（63）知道地球表层是地球大气圈、岩石圈、水圈、生物圈相互交接的层面,它构成与人类密切相关的地球环境。

（64）知道地球总面积中陆地面积和海洋面积的百分比,能说出七大洲、四大洋。

（65）知道我国主要地貌特点、人口分布、民族构成、行政区划及主要邻国,能说出主要山脉和水系。

（66）知道天气是指短时段内的冷热、干湿、晴雨等大气状态,气候是指多年气温、降水等大气的一般状态;看懂天气预报及气象灾害预警信号。

（67）知道地球上的水在太阳能和重力作用下,以蒸发、水汽输送、降水和径流等方式不断运动,形成水循环;知道在水循环过程中,水的时空分布不均造成洪涝、干旱等灾害。

15. 了解生命现象、生物多样性与进化的基本知识

（68）知道细胞是生命体的基本单位。

（69）知道生物可分为动物、植物与微生物,识别常见的动物和植物。

（70）知道地球上的物种是由早期物种进化而来,人是由古猿进化而来的。

（71）知道光合作用的重要意义,知道地球上的氧气主要来源于植物的光合作用。

（72）了解遗传物质的作用,知道 DNA、基因和染色体。

（73）了解各种生物通过食物链相互联系,抵制捕杀、销售和食用珍稀野生

动物的行为。

（74）知道生物多样性是生物长期进化的结果，保护生物多样性有利于维护生态系统平衡。

16．了解人体生理知识

（75）了解人体的生理结构和生理现象，知道心、肝、肺、胃、肾等主要器官的位置和生理功能。

（76）知道人体体温、心率、血压等指标的正常值范围，知道自己的血型。

（77）了解人体的发育过程和各发育阶段的生理特点。

（78）知道每个人的身体状况随性别、体重、活动、生活习惯而不同。

17．知道常见疾病和安全用药的常识

（79）具有对疾病以预防为主、及时就医的意识。

（80）能正确使用体温计、体重计、血压计等家用医疗器具，了解自己的健康状况。

（81）知道蚊虫叮咬对人体的危害及预防、治疗措施；知道病毒、细菌、真菌和寄生虫可能感染人体，导致疾病；知道污水和粪便处理、动植物检疫等公共卫生防疫和检测措施对控制疾病的重要性。

（82）知道常见传染病（如传染性肝炎、肺结核病、艾滋病、流行性感冒等）、慢性病（如高血压、糖尿病等）、突发性疾病（如脑梗死、心肌梗死等）的特点及相关预防、急救措施。

（83）了解常见职业病的基本知识，能采取基本的预防措施。

（84）知道心理健康的重要性，了解心理疾病、精神疾病基本特征，知道预防、调适的基本方法。

（85）知道遵医嘱或按药品说明书服药，了解安全用药、合理用药以及药物不良反应常识。

（86）知道处方药和非处方药的区别，知道对自身有过敏性的药物。

（87）了解中医药是中国传统医疗手段，与西医相比各有优势。

(88) 知道常见毒品的种类和危害,远离毒品。

18. 掌握饮食、营养的基本知识,养成良好生活习惯

(89) 选择有益于健康的食物,做到合理营养、均衡膳食。

(90) 掌握饮用水、食品卫生与安全知识,有一定的鉴别日常食品卫生质量的能力。

(91) 知道食物中毒的特点和预防食物中毒的方法。

(92) 知道吸烟、过量饮酒对健康的危害。

(93) 知道适当运动有益于身体健康。

(94) 知道保护眼睛、爱护牙齿等的重要性,养成爱牙护眼的好习惯。

(95) 知道作息不规律等对健康的危害,养成良好的作息习惯。

19. 掌握安全出行基本知识,能正确使用交通工具

(96) 了解基本交通规则和常见交通标志的含义,以及交通事故的救援方法。

(97) 能正确使用自行车等日常家用交通工具,定期对交通工具进行维修和保养。

(98) 了解乘坐各类公共交通工具(汽车、轨道交通、火车、飞机、轮船等)的安全规则。

20. 掌握安全用电、用气等常识,能正确使用家用电器和电子产品

(99) 了解安全用电常识,初步掌握触电的防范和急救的基本技能。

(100) 安全使用燃气器具,初步掌握一氧化碳中毒的急救方法。

(101) 能正确使用家用电器和电子产品,如电磁炉、微波炉、热水器、洗衣机、电风扇、空调、冰箱、收音机、电视机、计算机、手机、照相机等。

21. 了解农业生产的基本知识和方法

(102) 能分辨和选择食用常见农产品。

(103) 知道农作物生长的基本条件、规律与相关知识。

（104）知道土壤是地球陆地表面能生长植物的疏松表层，是人类从事农业生产活动的基础。

（105）农业生产者应掌握正确使用农药、合理使用化肥的基本知识与方法。

（106）了解农药残留的相关知识，知道去除水果、蔬菜上残留农药的方法。

22. 具备基本劳动技能，能正确使用相关工具与设备

（107）在本职工作中遵循行业中关于生产或服务的技术标准或规范。

（108）能正确操作或使用与本职工作有关的工具或设备。

（109）注意生产工具的使用年限，知道保养可以使生产工具保持良好的工作状态和延长使用年限，能根据用户手册规定的程序，对生产工具进行诸如清洗、加油、调节等保养。

（110）能使用常用工具来诊断生产中出现的简单故障，并能及时维修。

（111）能尝试通过工作方法和流程的优化与改进来缩短工作周期，提高劳动效率。

23. 具有安全生产意识，遵守生产规章制度和操作规程

（112）生产者在生产经营活动中，应树立安全生产意识，自觉履行岗位职责。

（113）在劳动中严格遵守安全生产规定和操作手册。

（114）了解工作环境与场所潜在的危险因素，以及预防和处理事故的应急措施，自觉佩戴和使用劳动防护用品。

（115）知道有毒物质、放射性物质、易燃或爆炸品、激光等安全标志。

（116）知道生产中爆炸、工伤等意外事故的预防措施，一旦事故发生，能自我保护，并及时报警。

（117）了解生产活动对生态环境的影响，知道清洁生产标准和相关措施，具有监督污染环境、安全生产、运输等的社会责任。

24. 掌握常见事故的救援知识和急救方法

（118）了解燃烧的条件，知道灭火的原理，掌握常见消防工具的使用和在火灾中逃生自救的一般方法。

（119）了解溺水、异物堵塞气管等紧急事件的基本急救方法。

（120）选择环保建筑材料和装饰材料，减少和避免苯、甲醛、放射性物质等对人体的危害。

（121）了解有害气体泄漏的应对措施和急救方法。

（122）了解犬、猫、蛇等动物咬伤的基本急救方法。

25. 掌握自然灾害的防御和应急避险的基本方法

（123）了解我国主要自然灾害的分布情况，知道本地区常见自然灾害。

（124）了解地震、滑坡、泥石流、洪涝、台风、雷电、沙尘暴、海啸等主要自然灾害的特征及应急避险方法。

（125）能够应对主要自然灾害引发的次生灾害。

26. 了解环境污染的危害及其应对措施，合理利用土地资源和水资源

（126）知道大气和海洋等水体容纳废物和环境自净的能力有限，知道人类污染物排放速度不能超过环境的自净速度。

（127）知道大气污染的类型、污染源与污染物的种类，以及控制大气污染的主要技术手段。能看懂空气质量报告。知道清洁生产和绿色产品的含义。

（128）自觉地保护所在地的饮用水源地。知道污水必须经过适当处理达标后才能排入水体。不往水体中丢弃、倾倒废弃物。

（129）知道工业、农业生产和生活的污染物进入土壤，会造成土壤污染，不乱倒垃圾。

（130）保护耕地，节约利用土地资源，懂得合理利用草场、林场资源，防止过度放牧，知道应该合理开发荒山荒坡等未利用土地。

（131）知道过量开采地下水会造成地面沉降、地下水位降低、沿海地区海水倒灌；选用节水生产技术和生活器具，知道合理利用雨水、中水，关注公共场合用水的查漏塞流。

（132）具有保护海洋的意识，知道合理开发利用海洋资源的重要意义。

（科技部、中宣部印发，有删减）

附录十　不同职业或行业所要求的知识结构

1. 国家机关、事业单位工作人员的知识结构要求

在国家机关任职的公务员、党的机构从事党务工作的人员、事业单位机关工作的人员，一般根据不同的职业岗位层次，要求具备不同的知识结构。现阶段，此类岗位公开招聘的文化水平要求最低是大专以上，且要求将越来越高。除此之外，上述人员还要求有相关的业务知识，主要是与本职岗位有密切关系的业务知识，要掌握有关法律、经济、行政、管理等方面的基础常识。还必须具备适应本职岗位需要的各种能力，即理解能力、判断能力、决断能力、创造能力、开发能力、表现能力、协调能力、涉外能力、指导能力、统率能力、调查研究能力及语言文字表达能力等。

2. 工程技术人员的知识结构要求

我国现阶段对从事工程技术工作人员的知识结构要求，主要有：牢固掌握专业基础知识；掌握现代专业知识；有解决极其复杂技术的能力；对问题判断能够做到完整、客观；有系统的思维和抽象概括能力；能够选择最有效的方法和最新的设备和材料来解决问题；能够提出改进材料和设备的方法；有全面、周密的计划和组织能力；有具体分析困难和解决困难的能力等。

3. 社会科学工作者的知识结构要求

作为一名社会科学工作者，应该有比较完善的知识结构体系。无论研究什么学科，都应该具有三个方面的知识结构。一是具有本学科的专门知识，包括本学科的概念、体系、理论体系、研究工具、基础资料，了解本学科的历史演变，研究本学科的现状和发展前景。二是要有相关学科知识，以经济学为例，其相关学科包括哲学、政治学、法学、历史学、数学和有关的技术科学。哪怕在同一学科大类中，由于研究方向不同，相关学科知识也不一样，如经济学中，研究生产力布局的，一定要掌握经济地理知识，而研究货币政策的可能更要掌握宏观

政策学与金融统计学知识。三是要掌握一般知识,如语法修辞知识、逻辑学知识等。专业知识是从事科学研究的基础,相关知识是专业知识的必要延伸,一般知识决定一个人的知识面。专业知识不牢固,似懂非懂搞研究工作是不行的;相关知识不够,会限制专业知识的引申和发挥,一般知识太少,难以开阔思路,启迪创造性思维。

4. 经营管理人员的知识结构要求

从事经营管理的人员,其知识结构应该是:能够深刻领会党和国家的各项方针、政策;能够适应新的经济形势;具备创新意识和精神;有高度的事业心和责任感;是本行业的生产技术骨干,且有比较宽广的知识面;具有较强的综合能力、果断的指挥能力、较强的控制能力;能及时发现问题,善于捕捉信息、沟通信息;具有良好的决策能力;具有较强的公关、社交、谈判能力;处理问题灵活机动、随机应变。

5. 自然科学研究人员的知识结构要求

对于从事自然科学研究人员知识结构的要求是:有雄厚的基础理论知识和较深的专业知识;有较强的逻辑思维能力和判断能力;善于发现问题,有较强的科研定向能力和创造能力;有较强的表达能力;有较强的计算机应用能力和科技鉴别能力;有较高的外语水平及掌握国外信息的能力。

6. 对军事人才知识结构要求

相对于其他行业来说,军事人才的知识结构有其特殊性。首先是要有高度的政治知识素养,能服从党的指挥,随时准备以生命和鲜血捍卫祖国的领土安全;其次是有高度的组织纪律知识,必须做到有令必行,有禁必止,保持高度的集中统一,才能完成各项战斗任务;最后,很多高精尖科学技术都先运用到军事上,因此,军事人才必须要有较高的科学技术知识,才能驾驭高科技含量的军事技术装备。

7. 财会人员的知识结构要求

随着我国社会主义市场经济制度的逐渐建立和完善,社会对财会人员基本素质的要求越来越高,一般既要求他们具备熟练的专业知识,又要有较宽的常识性知识面,还得熟悉与本职工作有关的政策、规章制度、法律,同时还要有一定的经济学、营销学和采购学等方面的知识,并要诚实可靠,不得以权谋私、营私舞弊,有较强的公关社交能力。

8. 文艺人才知识结构要求

从事文学艺术的工作人员,是指从事文学创作、文艺表演、文艺理论研究等方面的专门人才。对这一类人才的知识结构要求是:要有良好的道德品质;要用马列主义的世界观和文艺观,正确地观察社会,反映社会,全心全意为人民大众创作,以优秀的作品鼓舞人民、教育人民、引导人民;同时还必须具备各种专门文艺表演技能,必须掌握广博的社会知识、文艺史、文艺理论等,以及有较丰富的生活阅历。

9. 涉外工作人员知识结构要求

涉外工作主要包括对外政治、对外经济、对外科技、对外贸易和对外文化交流与往来。对从事这些工作的人员知识结构的要求是:较高的政治素质、热爱祖国、掌握外交政策、自觉地维护祖国的利益和尊严,严格遵守外事纪律、保守国家和企业的机密;要有广博的知识,精通古今中外的政治、经济、文化、风土人情、风俗习惯等;精通对外业务;要有较高的外语水平;熟练掌握从事对外政治、对外经济、对外科技、对外贸易、对外文化交流与往来工作的具体涉外业务;在对外交往中,要有较好的礼仪仪表,注意对外礼仪、社交礼节,自我形象要整洁美观、朴素大方、彬彬有礼、落落大方等。

10. 公关工作人员知识结构要求

在社会主义市场经济环境下,公关工作越来越引起人们的重视,从事此项工作的人员也越来越多。对公关工作人员的知识结构要求主要有:要以自己的人格魅力征服公众,在公关活动中,要给人们留下真诚、热情、可信的好感;靠自己高尚的人品去赢得社会公众的了解和支持;必须把本单位、本企业的形象放在第一位,要善于学习、善于分析判断、善于把握机遇、为领导提供高质量的决策信息；要有传播学知识和沟通协调能力；要能写会说，既能自如使用书面语言，专业、规范地精准传递信息，又能娴熟使用口头语言，充满激情地调动、引导听众情绪，获得广泛支持。

11. 教育工作人员的知识结构要求

教育工作人员的知识结构应由三部分组成：精深的专业知识、广博的文化修养和丰富的教育理论知识。精深的专业知识是指教师应对自己所教的学科有扎实的专业基础知识，熟悉学科的基本结构和和各部分知识之间的内在联系，了解学科的发展动向和最新研究成果。教师只有具备了扎实的专业基础知识，才能透彻理解教材，深入浅出地讲解教材，不断引导学生向知识的广度和深度进军。同时广博的文化修养也是一个成功教师不可缺少的。青少年学生正处在长知识长身体的年龄阶段，他们思想活跃、兴趣广泛、爱好多样，有强烈的求知欲望和好奇心，他们的提问会涉及各个学科领域，加之，现代科学知识出现了高度分化又高度综合的趋势，不仅数、理、化之间，文、史、地之间，就是自然科学与社会科学之间的联系也日趋紧密，教师必须适应这一趋势，拥有广博的文化素养才能胜任教学工作。另外，教师还必须懂得教育规律，以教育理论引导教育实践，这样才能少走弯路，少碰钉子，从而提高教育行为的有效性。

（摘自周彤、姜艳、马兰芳主编：《职业心理素养》，

南京师范大学出版社 2017 年版，有改动）

附录十一 国家职业核心能力培训测评标准能力点汇总

(一) 自我学习能力点

活动要素	能力点（概括）	能力点结构分布		
		初级	中级	高级
一、制定学习目标和计划	1. 明确目标途径 2. 计划运筹时间 3. 获取支持指导	1. 能明确学习动机和学习目标 2. 能制订相应的可执行的学习计划，能清楚地列出完成每一个学习目标的行动要点及期限 3. 能寻求学习上的支持和测评	1. 能提出短期内可实现的多个目标，了解影响其取得成功的各种因素 2. 能根据经验确定实现的时间，明确列出实现每一个目标的行动要点，为每一个行动要点规定期限 3. 能根据需要寻求支持	1. 能根据各种信息和资源确定要实现的目标与途径，明确可能影响计划实施的因素 2. 能与他人合作共同确定能够实现的目标，制定每一个目标的行动要点时间表；列出需要支持、合作和进度安排以及检查的措施 3. 能预计可能发生的困难以及行动中可能发生的变化

活动要素	能力点（概括）	能力点结构分布		
		初级	中级	高级
二、实施学习计划	1. 按时落实任务 2. 积极寻求支持 3. 自主选择方式 4. 善用有效的学习方式 5. 善用先进手段 6. 及时调整计划	1. 能按行动要点开展工作并按时完成任务 2. 能通过他人的支持实现目标 3. 能使用适合自己的不同的方法学习 4. 能选择并运用与学习内容相适应的学习方法（机械式学习法、理解式学习法——倾听记笔记、阅读摘要）学习 5. 能用先进媒体技术学习 6. 能听取他人建议及时调整学习计划	1. 能利用行动要点管理时间,定期检查实行的情况和提前考虑计划的工作 2. 能利用他人的支持实现目标 3. 能主动选择不同的学习和工作方式 4. 能选择并运用与学习内容相适应的学习方法（发现式学习法——疑问法、分析）学习 5. 能运用先进的媒体技术（学习软件,CD-ROM）学习 6. 能随时修订学习计划	1. 能重点保证并采取有利于实现目标的行动 2. 能积极寻求和利用他人的反馈和配合实现目标,果断地处理面临的任何困难并按时完成任务 3. 能创造性地学习 4. 能选择并运用与复杂的学习内容相适应的学习方法（创造式学习法——归纳总结,尝试,迁移）学习 5. 能运用先进的媒体技术（网络,在线服务）学习,提高学习效率 6. 能根据环境条件的变化及时修正学习计划

活动要素	能力点（概括）	能力点结构分布		
		初级	中级	高级
三、反馈与评估学习效果	1. 自我评估总结 2. 分析原因现状 3. 运用学习成果 4. 不断改进学习	1. 能自我评估自己学习的内容，自述自己的学习方法，能按照行动要点请测评人员检测 2. 能分析影响学习效果的原因 3. 能证明自己取得的学习成果 4. 能提出进一步改进和提高的设想	1. 能展示自己的学习结果，自述自己的学习方式和成功的经验，通过行动要点的审核或考试能自述实现的目标 2. 能分析影响学习效果的因素 3. 能证明学习的东西在工作或生活中的应用 4. 能提出进一步提高工作质量的学习方式	1. 能展示自己的学习结果，自述自己的学习方式和成功的经验，能指出已经实现了的学习目标 2. 能分析影响学习效果的因素，以及对学习的兴趣和面临的困难 3. 能证明新学到的东西能应用于新选择的职业或工作任务 4. 能提出自己的观点并听取他人的意见，促进工作和学习

(二) 信息处理能力点

活动要素	能力点（概括）	能力点结构分布		
		初级	中级	高级
一、收集选择信息	1. 定义信息任务 2. 确定搜寻策略 3. 使用搜寻手段 4. 选择所需信息	1. 明确所需的信息 2. 确定信息搜寻范围 3. 通过阅读法查找信息资源；能在计算机上和网络上查找信息资源 4. 掌握不同信息类型（文本、图表、数字）的用途	1. 明确所需的信息 2. 确定信息搜寻的可能范围，列出信息资源的优先顺序 3. 通过阅读法、观察法、询访法查找资源；能通过网络搜索引擎查找信息资源 4. 从信息资源中发现重要信息	1. 明确定义信息任务 2. 列出所需信息重要性的先后顺序，比较不同信息来源的优势和限制条件；制订工作计划，分解搜寻任务 3. 使用阅读、观察、询访、问卷和检索等多种方法搜索信息；在计算机上选择数据库查询技术、互联网搜索引擎、运算符等技术查找信息 4. 搜集与任务有关的动态图像信息

活动要素	能力点（概括）	能力点结构分布		
		初级	中级	高级
二、整理开发信息	1. 选择收集信息 2. 进行信息分类 3. 辨别错误信息 4. 整理生成信息	1. 确定与用途有关的信息，使用裁剪、复印摘记、标记说明，在计算机上用下载等方法选择收集信息 2. 进行信息分类，按对象、主题、形式、来源、内容以及通用方式进行归类，形成剪报、汇编等资料 3. 辨别错误信息 4. 用一定的格式对文本、数字、表格、图形信息进行编辑，在计算机上以文本、图像和数字的方式扩展生成信息并保存	1. 确定与用途有关的信息，在计算机上使用复制、粘贴或插入文本、图像和数据手段收集信息 2. 进行信息分类，能筛选信息，并通过定量把握，形成目录、索引、文摘、简介类信息 3. 辨别错误信息及其原因 4. 以文本文件、图像和数字格式加工整理信息；在计算机上生成新的信息	1. 选择自己所需要的信息，并能判断信息内容是否准确、可靠 2. 进行信息分类，并能筛选信息，进行定性校核，形成简讯、综述、述评、调查报告类信息 3. 辨别错误信息及其原因 4. 规范地输入收集的信息，生成文本、表格、设计框架结构图、流程图、各种图像和影视资料；使用自动例程进行操作，使用电子表格等软件分析和解读数据资料，生成新信息

活动要素	能力点（概括）	能力点结构分布		
		初级	中级	高级
三、展示应用信息	1. 传递所获信息 2. 展示多种信息 3. 有效应用信息 4. 评估处理效果	1. 将整理的信息通过口头汇报、交谈等口语形式、书面形式传递；使用简单电子手段（传真、电子邮件等）传递 2. 选择规范的方式，合适的版面编排展示不同类型信息 3. 所展示的信息准确、清楚，重点突出 4. 遵守版权和保密规定	1. 将整理的信息通过讲座、会议等口语形式传递和使用多媒体手段辅助传递 2. 选择规范的方式，合适的版面编排展示组合的信息 3. 根据任务和信息类型展示相关信息，确保展示的信息清晰和明白，并妥善保存信息 4. 遵守版权和保密规定	1. 将整理的信息通过新闻发布会形式传递；制作展示板、电子公告板、网页发布信息 2. 选择最适合自己和任务需要的形式，并利用优化和完善的文本、图像和数字的形式强化展示效果 3. 集合不同渠道的信息，预测发展，进行新的设计 4. 遵守版权和保密规定，收集反馈信息，评估信息应用效果

（三）数字应用能力点

活动要素	能力点（概括）	能力点结构分布		
		初级	中级	高级
一、数字信息解读	1. 测量获取数字信息 2. 解读各种数据信息 3. 简单统计获取结果 4. 汇总数据，解答问题	1. 按精度要求测量，用常用单位记录测量结果 2. 解读简单图表；读懂各种不同形式的数字 3. 准确统计数目；简单计算，获取新数据 4. 汇总数据，解答问题	1. 从不同信息源获取相关信息；做出准确观测与统计 2. 读懂并能编制坐标图、表格、直方图及示意图；读懂各种形式的数字。按要求精度读出一些测量设备的刻度 3. 估计总量及部分量的比例；选择合适的方式来获得需要的结果 4. 将解读数据图表并经过简单计算后得到的数据分类、汇总，按任务要求解答问题	1. 组织一个大型的数据信息采集活动，并分解为一系列工作任务；从不同信息源获取相关信息，包括一个大规模（超过50个单项）的数据组；进行多次准确可靠的观测，用合适的仪器、恰当的单位进行测量 2. 读懂有标度的制图、图表和复杂的表格；读懂非常大和非常小数字的书写方法 3. 用估计法来制订计划，获得有效的约数；理解并会用复合单位 4. 选择恰当的计算方法，以获得所需的结果，说明所用方法的合理性

续 表

活动要素	能力点（概括）	能力点结构分布		
		初级	中级	高级
二、数字运算	1. 多种方法进行运算 2. 明确方法检查结果	1. 按要求的精度进行计算；进行整数和简单小数的四则运算；理解简单分数、百分数的意义，并找出一个数（量）的几分之几；计算长方形和长方体的面积；使用图表上简单的比例尺；使用比例、比率算出某些量的最大变幅 2. 用不同的方法验算结果	1. 进行两步或两步以上任何大小数字间的运算；在分数、小数、百分数间相互转换；在不同制式间换算；算出面积和体积；根据制图的比例，算出图上的实际尺度；在恰当的地方用比率进行计算；比较 20 项及以上数目的大小；用排列的方法描述几组数的分布 2. 理解并使用给定公式；清楚地表明计算过程所用的方法并给出运算结果的精确度	1. 对任意大小的数字进行多平台的运算；使用乘方和根运算方式；求出比率的变化；从制图的标度求出实际的度量并标出数量的增长；使用大规模的数据，测量平均数和发布范围，并估计平均数、中位数和数据组的发布区域；使用公式、等式和表达式 2. 清楚表明所用的方法并给出运算结果的恰当精确度；使用检查程序找出方法及结果的错误

活动要素	能力点（概括）	能力点结构分布		
		初级	中级	高级
三、运算结果的展示和应用	1. 用适当方法展示结果 2. 检查结果，说明任务	1. 用适当方法展示数据信息；正确使用单位 2. 用计算出来的结果准确说明你的工作任务或状态；判断计算结果是否与工作任务的要求一致	1. 用适当方法展示数据信息和计算出来的结果；设计并使用图表，并采用公认的换算来做标识 2. 用计算出来的结果准确地说明你的工作任务或状态；判断计算结果是否与工作任务的要求一致	1. 选择合适的方法阐明计算得出的结论，表明发展趋势并比较结果；设计并绘出一个图表或表格，并使用公认的换算公式做出制图的标识 2. 正确地检查所用的方法，并论证其合理性；根据你的调查结果做出推论

（四）与人交流能力点

活动要素	能力点（概括）	能力点结构分布		
		初级	中级	高级
一、交谈讨论	1. 把握交谈主题 2. 把握交谈时机 3. 倾听他人讲话 4. 表达自己观点	1. 能围绕主题参与交谈和讨论 2. 把握讲话的时机、内容与长短 3. 用身体语言、提问及记笔记等方式倾听他人讲话 4. 使用规范语言、恰当语调和表情连贯清楚地表达自己的意思	1. 能主持小规模的讨论，始终围绕主题参与交谈和讨论 2. 主动把握交谈的时机、方式和内容；参与讨论时回应提问，主持讨论时能推进讨论进行，对讨论做出评论 3. 理解对方谈话的内容，准确辨明态度和意图，予以相应回应 4. 全面准确传达一个信息和观点，能使用图表和其他辅助手段说明主题	1. 能主持较大规模的会议，能代表单位对外会谈 2. 始终把握会议主题，参与交谈或讨论；主持会议时，兼顾讨论各方的意见，围绕重点提出论题，提示和鼓励他人发言，推进讨论深入，对讨论做总结 3. 能根据对方谈话的方式和内容领会言外之意，做出敏锐反应 4. 全面准确地表达一个复杂的事件或观点；表达简练，层次清楚，能使用图表和其他辅助手段说明主题

活动要素	能力点（概括）	能力点结构分布		
		初级	中级	高级
二、当众发言（演讲）	1. 当众发言演讲 2. 把握发言内容 3. 把握发言方式 4. 借助辅助手段	—	1. 做好书面、图表或其他方面的准备，在较正式的场合按预定的主题完整地发表简短意见 2. 发言主题突出，层次清楚，用语得当，通俗易懂 3. 使用规范语言、恰当语调和身态语得体表达 4. 利用图表和黑板等辅助手段帮助说明主题	1. 做好演讲的准备，就一个复杂的论题当众演讲 2. 演讲主题突出，逻辑层次分明，语汇简明，例证丰富，思路要点清晰 3. 使用规范语言、恰当语调和身态语，自信应对复杂话题，得体演讲 4. 利用多媒体等手段帮助演讲，强化主题内容，吸引听众

活动要素	能力点（概括）	能力点结构分布		
		初级	中级	高级
三、阅读获取资料	1. 获取阅读资料 2. 收集资料信息 3. 整理需要资料	1. 按照程序和他人指导从各种途径找到相关文字资料 2. 从各种类型的文字资料，包括图片图表中识别、归纳主要内容和要点 3. 为某种需要从收集的资料中整理出需要的资料，或做简单的笔记，确认资料的内容	1. 从不同类型的文字资料中找到或筛选有用的资料 2. 从较长的资料中找到所需的信息，看懂资料所表达的观点和写作目的，归纳文章要点 3. 根据需要归纳汇总出自己的文字资料	1. 查找各种文字资料，获取需要的论据、观点 2. 使用参考资料或请教专家，看懂资料包含的内容和复杂的推理思路；确定资料本身的价值或存在的问题 3. 综合分析筛选，利用资料表达自己的观点

续　表

活动要素	能力点（概括）	能力点结构分布		
		初级	中级	高级
四、书面表达	1. 选择恰当文体 2. 组织写作素材 3. 掌握基本技巧 4. 采用适当风格	1. 根据工作需要,选择基本文体,撰写简单应用文,并能利用图表说明要点 2. 从相关的材料中选取素材说明文章要点 3. 通过起草、修改,清楚地表达主题,层次清晰,语句通顺,用词规范,标点恰当,书写工整,格式正确	1. 根据工作任务要求,选择基本文体,撰写较长的文稿;利用图表和各种编排形式突出内容 2. 利用和组织素材,充实内容,说明要点 3. 通过起草、修改,清楚地表达主题,层次清晰,逻辑概念清楚,语句通顺,用词规范,标点恰当,书写工整,版面编排符合要求 4. 根据文章主题采用适当的写作风格,提高文章的说服力	1. 选择恰当的文体,撰写较长的文章;并辅以图表说明观点,利用各种编排形式突出内容 2. 有机组织素材,说明文章的内容和要点 3. 通过起草、修改,清楚地表达主题,逻辑思路清晰,语句精练,用词准确,版面编排和装订符合要求 4. 根据文章的写作目的,采用适当的写作风格,突出专业特点,提高文章的说服力

（五）与人合作能力点

活动要素	能力点（概括）	能力点结构分布		
		初级	中级	高级
一、协商合作目标	1. 明确基础，理解利益点 2. 掌握要点，认识目标 3. 了解定位，明确资源 4. 调整目标，制订计划	1. 明确个人与他人、团队合作的基础，理解合作的利益共同点 2. 掌握合作目标的要点，清晰认识到合作要达成的目标和合作的标准 3. 明确个人的角色定位，了解合作者的数量、职位，合作关系，确定起关键作用的人	1. 明确个人与他人、团队合作的基础，理解合作的利益共同点 2. 提出工作任务、工作进程表，合作者、合作地点、所需的资料、工具、设备等 3. 明确自身和他人的合作优势及作用，知道相关部门的合作资源，充分利用优势和资源 4. 明确合作的基本规则及异常情况下的应急措施	1. 判断各方的利益关系，把握合作各方的利益底线 2. 发现目标、计划的相关问题及根源 3. 主导合作过程，与合作各方进行有效沟通 4. 在合作关系变化时，充分利用组织赋予的权限调整合作目标与计划，控制合作过程的时间要素

活动要素	能力点（概括）	能力点结构分布		
		初级	中级	高级
二、互相配合工作	1. 理解任务，保证目标 2. 执行指令，取得信赖 3. 处理矛盾，团结他人 4. 及时求助，激励促进	1. 理解自己的任务和作用，快速理清责任关系 2. 按照工作时间和质量的指令迅速进入工作状态，执行计划，取得上级和同事信赖 3. 能对多个指令下达时排列优先顺序，及时处理遇到的障碍和困难，避免延误 4. 遇到困难时能够向各方面的人求助，及时有效帮助他人	1. 及时沟通合作进程，及时处理障碍，避免延误、失误，整体推进 2. 取得上级信任和同事信赖，发挥自身优势，及时调整工作状态 3. 能与不同文化背景的人相处，理解他人的个性差异和在性格、能力上的缺陷及过程中的过失，及时弥补工作损失 4. 处理影响工作进程的例外事件，包括个人事情对于工作进程的影响	1. 整合调动合作各方资源，妥善处理利益关系，保证合作目标的实现 2. 判断合作关系中关键人物的影响力，积极引导其发挥作用 3. 能将性格差异大、矛盾关系复杂的多方面员工团结在一起 4. 展现乐观态度，进行情绪激励，缓解工作压力，转变合作各方的消极工作状态，采用非命令的方式促进合作的达成

活动要素	能力点（概括）	能力点结构分布		
		初级	中级	高级
三、调整合作方式	1. 检查成效，分析原因 2. 检查进展，评估合作 3. 集中意见，协同努力 4. 共同分析，改善方式	1. 了解合作进行中的顺利或不利的正反因素 2. 检查进展状况，随时调整计划 3. 查遗补缺，随时跟进，确保合作顺利 4. 报告进程及问题和困难，提出改进措施	1. 及时、得体地检讨自己的不足和过失 2. 适宜地表达不同意见，提出自己的建议和批评 3. 接受他人的不同意见，集中、融合各方意见 4. 及时发现和弥补他人的过失和不足	1. 及时检查合作成效，分享建设性的反馈意见，分析研究合作计划的完成情况和已经实现的目标 2. 评估合作者的能力和工作状况，发现合作者的问题和不足 3. 共同分析掌握解决问题的条件和能力，运用适度的压力，促进团队协同努力 4. 共同分析研究，进一步改善合作的方式

(六) 解决问题能力点

活动要素	能力点（概括）	能力点结构分布		
		初级	中级	高级
一、提出解决问题的意见或方案	1. 准确定义问题 2. 明确解决目标 3. 形成和比较思路 4. 选择最佳方案	1. 能准确理解与问题有关的各种因素 2. 能掌握解决问题的目标并能说明目标的状态 3. 能跟踪事态发展，指出解决问题的条件限制 4. 能选定最佳方案	1. 能指出问题出现的时间和主要特征 2. 能掌握解决问题的目标并能说明目标的状态 3. 能采取不同方法形成两个以上解决问题的思路并加以比较 4. 能确定一个最有效的解决对策	1. 能预测问题发生，揭示问题的性质、特点、原因 2. 能确定成功解决问题的程度 3. 能选择和利用各种方式提出解决的办法并比较其特点和可行性 4. 能确定解决问题的最优方案并判断和说明其选择的合理性
二、实施解决问题的方案	1. 获取上级支持 2. 设计实施方案 3. 寻求利用支持 4. 有效利用资源 5. 及时调整方案	1. 能获得方案的批准 2. 能制订解决问题的实施计划 3. 能利用他人的支持 4. 能有效利用资源	1. 能获得方案的批准 2. 能制订较详细的解决问题的实施计划 3. 能较充分获取和利用所需要的支持条件 4. 能较充分利用各种资源完成各项计划	1. 能够提前获得上级认可 2. 能制订详细的解决问题的实施计划并得到上级对实施详案的认可 3. 能保持进度，及时获取信息与反馈 4. 能充分利用资源 5. 能评估进度，应对变化，及时调整

续　表

活动要素	能力点（概括）	能力点结构分布		
		初级	中级	高级
三、调整或改进解决问题的方案	1. 掌握检查方法 2. 实施有效检查 3. 准确做出结论 4. 反馈评估提高	1. 能掌握检查问题解决的方法 2. 能按照检查方法进行评估 3. 能做出问题解决的结论 4. 能提出进一步改进的办法	1. 能较清楚地检查问题解决的过程和结果状况 2. 能准确实施检查 3. 能具体做出问题解决（包括每个步骤）的结论，并能说明问题解决的原因 4. 能总结经验并提出其他的解决问题的思路	1. 能说明用于检查问题的方法 2. 能与专家或主管商议有效方法检查 3. 能做出检查结论，并能比较类似问题解决的案例及结果 4. 能评估每一阶段的步骤和效果，总结提高，提出更佳方案

（摘自许湘岳、陈留彬主编:《职业素养教程》,人民出版社 2014 年版,略有改动）

附录十二 《中华人民共和国安全生产法》第八十二条释义

第八十二条:危险物品的生产、经营、储存单位以及矿山、金属冶炼、城市轨道交通运营、建筑施工单位应当建立应急救援组织;生产经营规模较小的,可以不建立应急救援组织,但应当指定兼职的应急救援人员。

危险物品的生产、经营、储存、运输单位以及矿山、金属冶炼、城市轨道交通运营、建筑施工单位应当配备必要的应急救援器材、设备和物资,并进行经常性维护、保养,保证正常运转。

【条文主旨】本条是关于高危行业的生产经营单位应急救援义务的规定。

【条文释义】危险物品(包括易燃易爆物品、危险化学品、放射性物品等)的生产、经营、存储单位以及矿山、金属冶炼、城市轨道交通运营、建筑施工单位(以下简称高危行业生产经营单位)由于其所从事的生产、经营、存储等活动的特殊性,一旦发生事故,将会对人民群众的生命财产安全造成严重损害。因此上述高危行业生产经营单位必须本着高度负责的态度,严格执行国家有关安全生产的相关法律、法规、标准或者安全技术规范的规定,建立健全严格的安全管理规章制度,设置必要的安全防护设施,提高从业人员的素质,保证生产经营活动的安全进行。

同时,为预防、处置生产安全事故,高危行业生产经营单位必须根据本单位的生产经营特点,制定切实适用于本单位的具体应急预案,并对可能引发生产安全事故的生产经营设备、场所、危险物品存储场所以及周边环境进行安全隐患排查,一旦发现情况,应当及时采取措施消除隐患,防止发生生产安全事故。鉴于高危行业的特殊性,本法对高危行业的应急救援义务做出专门规定。

一、高危行业生产经营单位的应急救援组织的建立和应急救援人员的指定

为了保障高危行业生产经营单位的从业人员在事故发生时能及时得到救护，以尽可能减少事故造成的人员伤亡和财产损失，高危行业生产经营单位应当建立应急救援组织，指定兼职的应急救援人员。由于危险物品和矿山、金属冶炼、城市轨道交通运营、建筑施工行业危险程度不一样，对应急救援组织的要求有所不同，因此，本条对相关单位建立应急救援组织的问题只做出原则性规定。至于高危行业生产经营单位应当建立什么形式、多大规模的救援组织，应当按照有关规定执行。对于生产经营规模较小的高危行业生产经营单位，按照本条的规定，可以不建立应急救援组织，但应当指定兼职的应急救援人员。无论是专职的救援人员还是兼职的救援人员，都必须经过严格训练，符合要求才能担任救援人员。否则，可能会造成不必要的损失。

二、高危行业生产经营单位应当配备必要的应急救援器材、设备和物资

高危行业生产经营单位在建立应急救援组织或者指定兼职救援人员的同时，还应当配备必要的应急救援器材、设备和物资，并确保其可正常使用。高危行业生产经营单位应当根据本单位生产经营活动的特点，为有关场所或者生产经营设备、设施配备必要的应急救援器材、设备、物资，并注明其使用方法。在有关场所配备必要的应急救援器材、设备、物资，可以在发生生产安全事故时，利用预先配备的应急救援器材、设备和物资开展自救和他救工作，以便更有效地应对和处置生产安全事故，避免事故情况进一步恶化。《矿山安全法》第31条也规定了矿山企业应当配备必要的装备、器材。如井下急救站应设在井下调度室附近的硐室内，站内必须有取暖设备、急救电话、氧气袋、担架以及为通畅呼吸道、包扎、止血、固定等必需的急救设备和药品。地面急救站应装备复苏器、电吸引器、麻醉机、抗休克裤、充气止血带等急救器材和急救药品。矿务局

医院、矿医院都应有专用急救救护车，日夜值班，不得作其他用途。车内应备有急救器材、药品箱和防寒品。另外，高危行业生产经营单位应对其所配备的应急救援器材、设备和物资进行经常性维护、保养，使其处于良好状态，确保其可正常使用，以防止应急救援时不能正常发挥作用。

主要参考文献

1. 陈承欢,陈秀清,彭新宇.职业素养诊断与提高[M].2 版.北京:电子工业出版社,2022.

2. 陈红,邵景进.大学生心理健康教育[M].北京:人民邮电出版社,2022.

3. 崔建华,陈秀丽,王海荣.大学生心理素质拓展教育[M].厦门:厦门大学出版社,2009.

4. 傅济锋,黄丹.职业素养提升[M].苏州:苏州大学出版社,2021.

5. 龚俊恒.德鲁克全书[M].汕头:汕头大学出版社,2016.

6. 管小青.职业素养入门与提升[M].北京:电子工业出版社,2021.

7. 黄冬福.大学生职业发展与就业指导[M].北京:中国铁道出版社,2013.

8. 黄静.大学生职业素养教程[M].济南:山东大学出版社,2015.

9. 吉家文.新编大学生心理健康教育[M].天津:南开大学出版社,2012.

10. 蒋洪斌.陈毅传[M].上海:上海人民出版社,1992.

11. 李春华,贾楠.大学生心理健康指导[M].2 版.北京:机械工业出版社,2017.

12. 李纯青,刘建勋,田敏.职业素养开发与训练[M].北京:清华大学出版社,2018.

13. 李丹.每天 5 分钟,做卓越的管理者[M].北京:北京工业大学出版社,2014.

14. 廉蔺,阴秀君,张晓旭.工匠精神与职业素养[M].北京:中国农业科学技术出版社,2020.

15. 梁利苹,徐颖,刘洪均.大学生心理健康教育[M].北京:清华大学出版社,2017.

16. 刘兰明,刘若汀.职业素养[M].北京:电子工业出版社,2020.

17. 刘明新,冯国忠.职业伦理与职业素养[M].北京:机械工业出版社,2014.

18. 刘绮莉.职业安全与健康管理[M].合肥:合肥工业大学出版社,2013.

19. 陆芳,刘广,詹宏基,等.数字化学习[M].广州:华南理工大学出版社,2018.

20. 欧阳辉,袁忠霞.大学生心理健康应用教程[M].沈阳:辽宁教育出版社,2011.

21. 卿臻.大学生心理健康教育[M].北京:清华大学出版社,2012.

22. 人力资源和社会保障部教材办公室.职业道德[M].北京:中国劳动社会保障出版社,2023.

23. 人力资源和社会保障部教材办公室.职业道德与职业素养[M].北京:中国劳动社会保障出版社,2022.

24. 孙爱芹.心理健康与职业成长[M].北京:高等教育出版社,2013.

25. 天津滨海迅腾科技集团有限公司.职业素养与能力养成教程[M].天津:南开大学出版社,2019.

26. 王飞鹏.职业安全卫生管理[M].北京:首都经济贸易大学出版社,2015.

27. 王付有.造极:重新定义"一技之长"[M].北京:中国工人出版社,2020.

28. 王卫东.网络社区[M].武汉:武汉大学出版社.2018.

29. 徐祥华.综合职业素养教程[M].北京:中国劳动社会保障出版社,2019.

30. 叶琳琳.大学生心理健康教育与心理素质训练[M].北京:北京师范大学出版社,2013.

31. 张云霞.职业素养养成教育[M].北京:中国人民大学出版社,2017.

32. 中华全国总工会劳动保护部.职业安全教育通用教材[M].北京:中国工人出版社,2012.

33. 周家华,王金凤.大学生心理健康教育[M].3 版.北京:清华大学出版社,2013.

34. 周彤,姜艳,马兰芳.职业心理素养[M].南京:南京师范大学出版社,2017.

35. 顾倩.大学生就业能力构成维度与培育分析[J].教育与职业,2011(29).

36. 刘明.中职语文教学中综合职业能力培养的策略分析[J].天津职业院校联合学报,2022(11).

37. 丘东晓.职业核心能力的内涵分析及在高职教育中的培养[J].广州番禺职业技术学院学报,2011(2).

38. 王晓笛,魏王懂,宋芳琴.以学生为主体的职业核心能力培养模式研究——以绍兴职业技术学院为例[J].绵阳师范学院学报,2013(9).

39. 张湃,刘康声.高职学生职业核心能力培养的意义及实践[J].哈尔滨职业技术学院学报,2011(6).